中等职业教育电类专业共建共享系列教材

单片机技术及应用项目教程

（工作页一体化）

主　编　舒伟红

副主编　留海丽　李成中　陈德美

科学出版社

北　京

内 容 简 介

本书以基于 51 内核的增强型单片机为学习对象，以 8 个项目为载体，从点亮 LED、控制流水灯，到学会制作智能交通灯、驱动液晶显示屏、制作电子密码锁、实现 WiFi 物联、搭建语音物联、应用射频卡 RFID 等新科技项目，均采用 C 语言进行编程，系统介绍了单片机内部功能模块及 C51 编程技巧。书中涉及的实训项目均可在实验板上验证，也可自行搭建单片机系统完成。

本书编写力求深入浅出，以"够用、能做"为原则，引入的教学项目，如语音识别、WiFi 通信等，既有学习方法的完整性，又符合现代科技发展的潮流；既能激发读者学习兴趣，又能在工程应用中实现产品化。

本书可作为各类职业院校电子技术类相关专业的教材，也可供电子行业的从业人员和单片机爱好者参考学习。

图书在版编目(CIP)数据

单片机技术及应用项目教程：工作页一体化/舒伟红主编. —北京：科学出版社，2021.11

ISBN 978-7-03-067656-6

Ⅰ.①单… Ⅱ.①舒… Ⅲ.①单片微型计算机–中等专业学校–教材 Ⅳ.①TP368.1

中国版本图书馆 CIP 数据核字（2020）第 269477 号

责任编辑：陈砺川　赵玉莲 / 责任校对：马英菊
责任印制：吕春珉 / 封面设计：东方人华平面设计部

科学出版社 出版

北京东黄城根北街 16 号
邮政编码：100717
http://www.sciencep.com

天津翔远印刷有限公司印刷

科学出版社发行　　各地新华书店经销

*

2021 年 11 月第 一 版　　开本：787×1092　1/16
2021 年 11 月第一次印刷　　印张：15 3/4

字数：372 000

定价：45.00 元

（如有印装质量问题，我社负责调换〈翔远〉）

销售部电话 010-62136230　编辑部电话 010-62135397-2032

前　言

随着单片机应用的不断发展，基于 51 内核的增强型单片机快速崛起，其内置功能模块越来越丰富，如 ADC、PWM、EEPROM、UART 等；同时，由于在中小项目应用时可以减少更多的外围接口电路，增强型单片机在科技产品中广为应用。因此，将增强型单片机引入教学是十分必要的。

本书程序采用单片机 C51 语言，其兼备高级语言与低级语言的优点，语法结构和标准 C 语言基本一致，语言简洁，便于学习。

单片机技术是集硬件电路与软件编程为一体的学科，既要求有数字电路和模拟电路的基础知识，又需要有较强的逻辑思维能力，对于职业学校的学生来说，普遍感到难度很大。本书的编写以快速简单入门、重在实训为宗旨，以具备开发单片机中小型项目的能力为目的。

本书在内容组织与结构编排上具有以下鲜明的特色。

1. 理实一体"做中学"

引入项目式教学方式，体现任务驱动的特点，以职业学校培养初、中级技能人才为目标。

为了创设单片机的学习环境，编者专门为本书教学设计了配套的实验板，使教学在一开始就进入实践环节，从接触单片机开始学习单片机原理，遵循实践—理论—再实践的"做中学"理念。读者可联系编者索取。

2. 项目体现新科技

精心选择的教学项目源于工程应用，项目编排兼顾 C 语言认知规律及单片机硬件电路知识，层层递进。其中，既有单片机应用常见的项目（如交通灯、数码管显示等），也有体现智能生活的新科技项目（如语音识别、射频卡应用、WiFi 通信等）。这让本书更具时代感，更能激发读者的学习兴趣。

3. 重基础强应用

针对职业院校的学习特点，重视基础入门，强调单片机项目实训，力争完成一个项目实训，就达到开发一个"产品"的学习目的。本书配套有丰富的教学资源，包括视频微课、PPT 以及所有项目实训中完整的 C 语言程序代码，可从 http://www.abook.cn 下载，供学习参考。

本书内容分为 8 个项目，分别为点亮 LED、控制流水灯、制作智能交通灯、驱动液晶显示屏、制作电子密码锁、实现 WiFi 物联、搭建语音物联、应用射频卡 RFID。

每个任务均配有学生工作页，为学习提供了实践提升的空间，真正使知识、能力融会贯通，达到学习的新境界。

学习本书大约需要 132 课时，课时分配可参考下表。

学时分配参考表

序　号	项目名称	理论课时	实践课时	序　号	项目名称	理论课时	实践课时
项目 1	点亮 LED	7	5	项目 5	制作电子密码锁	10	6
项目 2	控制流水灯	10	6	项目 6	实现 WiFi 物联	6	4
项目 3	制作智能交通灯	18	12	项目 7	搭建语音物联	8	8
项目 4	驱动液晶显示屏	10	6	项目 8	应用射频卡 RFID	6	10
合计					132		

本书由舒伟红任主编，负责全书统稿；留海丽、李成中、陈德美任副主编；特邀浙江固驰电子有限公司工程师范涛参与实训项目的设计。全书由丽水职业技术学院李三波教授审定，同时得到了诸多同行的大力支持，在此一并表示诚恳的谢意。

由于编者水平有限，本书难免存在错误及疏漏之处，恳请读者批评指正。

目　录

项目 1

点亮 LED

 项目说明

单片机具有体积小、功能强、价格低等特点，在工业控制、数据采集、智能仪表等领域都有着广泛的应用。

本项目从认识单片机型号及引脚功能入手，学习单片机最小系统组成及原理、单片机 C 语言基础知识等；详细讲解了单片机开发工具 Keil 软件的操作流程，通过完成点亮 LED 项目，体验程序编写、编译、下载的全过程。

 知识目标

- 认识单片机型号及引脚功能。
- 了解单片机工作最小系统。
- 理解 C 语言基础知识。

 技能目标

- 会正确使用 Keil 编程软件。
- 完成编程"点亮 LED"。

任务 1.1　认识单片机

任务描述

本任务主要学习单片机引脚及功能、单片机最小系统和单片机 C 语言变量、数据类型及运算符等基础知识，为后续单片机编程及应用奠定基础。

任务目标

● 了解 STC8 系列单片机。
● 学会变量定义和数据类型声明。
● 正确应用运算符。

1.1.1　认识单片机及引脚

单片机也称单片微型计算机。单片机自 20 世纪 70 年代问世后，被广泛应用于工业自动化控制、自动检测、智能仪器仪表、家用电器、机电一体化设备等各个方面。

1. 什么是单片机

单片机内部集成了微处理器（CPU）、存储器（RAM、ROM、EPROM）和各种输入、输出接口电路（定时器/计数器、串行接口、PWM 接口、A/D 转换器），在其外部加上外围电路，利用编程语言对单片机进行开发，即可实现各种功能。常用的编程语言有 C 语言和汇编语言，早在 1985 年便出现了 8051 单片机的 C 语言，称为 C51。本书同样采用 C 语言作为单片机应用程序开发的编程语言。

目前应用较多的是由 8051 内核扩展的单片机，即 51 单片机。AT89C51 单片机实物如图 1.1 所示。

图 1.1　AT89C51 单片机实物

本书各项目均采用基于 8051 内核的增强型 STC8 系列单片机，型号为 STC8A8K32S4A12。该单片机工作频率高、保密性强且内置了更多的功能模块，如增加了 12 位高精度模数转换器、1 个模拟比较器、8 路 12 位 PWM 等。该单片机内部集成高精度高频 24MHz 振荡器、低频 32kHz 振荡器，支持低压复位、在线仿真和程序下载等功能，STC8A8K32S4A12 单片机实物如图 1.2 所示。

图 1.2　STC8A8K32S4A12 单片机实物

单片机的型号为一长串字母和数字，没有统一的命名规则，由生产厂商定义，本书采用的 STC8A8K32S4A12 单片机型号含义如表 1.1 所示。

表 1.1　STC8A8K32S4A12 单片机型号含义

序号	名称	含义		
1	STC	宏晶单片机公司缩写		
2	8A	产品系列简写	8F	STC8F 系列
			8A	STC8A 系列
3	8K	SRAM 空间大小	8K	8KB
			2K	2KB
4	32	程序空间大小	64	64KB
			32	32KB
			16	16KB
5	S4	独立串口个数	S4	4 个独立串口
			S2	2 个独立串口
			S	1 个独立串口
6	A12	ADC 精度	A12	12 位 ADC
			A10	10 位 ADC

2. 单片机引脚介绍

本书采用的 STC8A8K32S4A12 单片机共有 44 个引脚，采用 LQF44 封装，其引脚示意图如图 1.3 所示，引脚功能如表 1.2 所示。

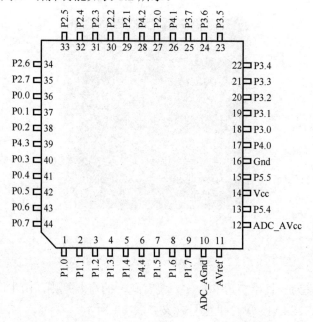

图 1.3　STC8A8K32S4A12 单片机引脚示意图

表 1.2　STC8A8K32S4A12 单片机引脚功能

引脚功能	引脚名称	功能描述	引脚位
通用功能	P0.0～P0.7　P1.0～P1.7 P2.0～P2.7　P3.0～P3.7 P4.0～P4.4　P5.4　P5.5	通用输入/输出口功能	1～9 脚 13 脚 15 脚 17～44 脚
复用功能	RST	单片机复位功能	13 脚
	XTALI、XTALO	外接晶振功能	9～10 脚
	TxD、RxD TxD2、RxD2 TxD3、RxD3 TxD4、RxD4	串口功能	18～19 脚 1～2 脚 36～37 脚 38～39 脚
	INT0～INT3	外部中断输入功能	20～21 脚、24～25 脚
	ADC1～ADC14	模数转换输入功能	3～6 脚、8～10 脚、39～41 脚、 43～46 脚
	PWM0～PWM7、 PWM0_2～PWM7_2	脉宽调制输出功能	27 脚、29～35 脚 1～5 脚、7～9 脚

续表

引脚功能	引脚名称	功能描述	引脚位
复用功能	CCP0～CCP3 CCP0_2～CCP3_2 CCP0_4～CCP3_4	捕获输入和脉冲输出功能	5 脚、7～9 脚 18～21 脚 31～34 脚
特殊功能	Vcc	电源功能	14 脚
	Gnd	电源地功能	16 脚
	ADC_AVcc	模数转换电源功能	12 脚
	ADC_AGnd	模数转换电源地功能	10 脚
	AVref	模数转换参考电源功能	11 脚

1.1.2 单片机最小系统

单片机最小系统也称为最小应用系统，是指用最少的元件组成满足单片机可以工作的电路系统，一般包括电源、单片机时钟控制电路和复位电路。

1. 电源

STC8 系列单片机工作电压在 2～5V 之间，本书配套的实验板采用了 5V 电源和 3.3V 电源选通方式，用户可根据需要自行选择电源。如图 1.4 所示，当接插件 1、2 脚相连，则连接单片机的电源为 5V；当 2、3 脚相连，则为 3.3V。

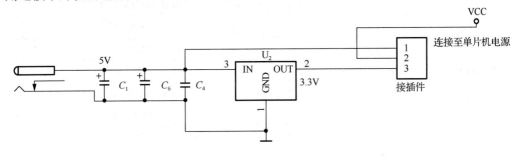

图 1.4 实验板电源图

2. 单片机时钟控制电路

时钟控制电路是单片机最小系统的重要组成部分之一，也是单片机正常工作的基础。STC8A8K32S4A12 单片机提供 3 个时钟源供用户选择，分别为内部 24MHz 高精度 IRC 时钟、内部 32kHz 的低速 IRC 时钟和外部 4MHz～33MHz 晶振或外部时钟信号，用户可根据需要选择时钟源。

如图 1.5 所示，时钟选择寄存器 CKSEL 中的 MCKSEL[1:0]、MCLKO_S、MCLKODIV[3:0]分别用于选择时钟源、输出时钟引脚、输出时钟分频系数设置，具体设置如表 1.3 所示。通过时钟分频寄存器 CLKDIV[7:0]设置，将 MCLK 分频，得到单片机系统时钟 SYSCLK；CLKDIV 主时钟分频系数设置得到相应的时钟频率，如表 1.4 所示。

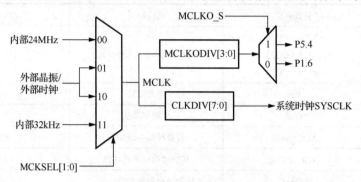

图 1.5　时钟选择

表 1.3　CKSEL 时钟选择寄存器设置

名称	功能描述		
MCKSEL[1:0]	选择时钟源	00	内部 24MHz 高精度 IRC
		01 或者 10	外部晶振或外部时钟
		11	内部 32kHz 低速 IRC
MCLKO_S	输出时钟引脚	1：输出到 P5.4 引脚	
		0：输出到 P1.6 引脚	
MCLKODIV[3:0]	输出时钟分频系数设置	0000：不输出时钟	
		0001：MCLK/1	
		001x：MCLK/2	
		010x：MCLK/4	
		011x：MCLK/8	
		100x：MCLK/16	
		101x：MCLK/32	
		110x：MCLK/64	
		111x：MCLK/128	

表 1.4　CLKDIV 主时钟分频系数设置

CLKDIV	系统时钟频率
0	MCLK/1
1	MCLK/1
2	MCLK/2
3	MCLK/3
……	……

续表

CLKDIV	系统时钟频率
x	MCLK/x
……	……
255	MCLK/255

当需要更高精度的时钟信号时，可通过 P1.7 和 P1.6 连接外部晶振，如图 1.6 所示，其中电容 C_1 和 C_2 用于频率微调。

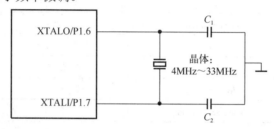

图 1.6　外接晶振示意图

配套实验板没有外部时钟电路。若无特殊说明，所有项目默认使用无分频的内部 24MHz 高精度 IRC 时钟作为系统时钟，即 MCKSEL[1:0]=00，CLKDIV[7:0]=0。

3. 复位电路

复位是单片机必不可少的功能，复位电路可以保证单片机上电后能从初始状态开始执行程序。STC8 系列单片机内部集成高精度的时钟和可靠的复位电路，因此可以不接外部晶振和外部复位电路。

STC8 系列单片机复位方式分硬件复位和软件复位。硬件复位可采用上电复位、看门狗溢出复位、低压检测复位、复位脚复位 4 种方式。低压检测复位是当电源电压低于设定值时，单片机一直处于复位状态，超过设定电压一定时间后，退出复位，单片机正常工作。复位脚 P5.4 在出厂时默认为 IO 口，在 ISP 下载时，需将复用引脚 P5.4 配置成复位模式，才能让单片机工作在外部复位状态。此时当复位引脚接收到外部复位信号时，单片机可实现外部复位。软件复位是通过软件方式写入复位寄存器实现单片机复位。

1.1.3　单片机 C 语言基础知识

1. 变量命名及数据类型定义

变量名可由字母、数字和下划线 3 种字符组成，其中第 1 个字符必须为字母或下划线。变量名字母区分大小写，如 sum 和 Sum 是两个不同的变量。

正确的变量名如 i，buffer、sum5、_class、day_1_2_3。

错误的变量名如.class、day.1.2、$123。

变量占用单片机内存（RAM），应按照变量数值大小要求正确定义数据类型，如 unsigned int i，表示变量 i 的数据范围是 0～65535。表 1.5 所示为常用数据类型的类型声明符、数据范围和占用内存长度，不同数据类型声明符不同，表示的数据范围也不同。

表 1.5 常用数据类型的类型声明符、数据范围和占用内存长度

数据类型	类型声明符	数据范围	占用内存长度
字符型	char	-128～127	1B
无符号字符型	unsigned char	0～255	1B
整型	int	-32768～32767	2B
无符号整型	unsigned int	0～65535	2B
长整型	long int /long	-2^{31}～$2^{31}-1$	4B
无符号长整型	unsigned long int	0～$2^{32}-1$	4B
单精度浮点型	float	10^{-38}～10^{38}	4B
双精度浮点型	double	10^{-308}～10^{308}	8B

2. 单片机数据存储类型

单片机存储空间分为程序存储器（ROM）和数据存储器（RAM）。根据存储器寻址方式，分为片内存储器和片外存储器，包括片内程序存储器、片外程序存储器、片内数据存储器和片外数据存储器，共 4 种。

（1）程序存储器（ROM）

程序存储器用于存储单片机运行的程序，支持最大存储空间 64KB。如 STC8A8K32S4A12 单片机内部集成 32KB 的 ROM 空间，最大能扩展 32KB 空间。程序存储器除了存储程序外，也可以保存常量。保存常量时，要在常量名称前加 code 特殊修饰符，声明常量存储在 ROM 空间。例如：

```
code unsigned char memory = 0x15; //声明一个无符号字符型常量，常量名称为
memory
```

（2）数据存储器（RAM）

数据存储器用于存储运行过程的数据、状态等。根据存储器寻址方式不同，分为片内和片外，片内空间为 256B，片外存储器支持最大 64KB。不过芯片厂家会把部分片外寻址空间的 RAM 封装到芯片内部，如 STC8A8K32S4A12 内部集成 8kB 数据存储空间。

片内 256BRAM 根据功能不同，可分为通用寄存器区、可位寻址区、用户 RAM 区和特殊功能寄存器区，如表 1.6 所示。

表 1.6   片内 256BRAM 功能划分表

序号	功能	地址范围
1	通用寄存器区	0x00～0x1F
2	可位寻址区	0x20～0x2F
3	用户 RAM 区	0x30～0x7F
4	特殊功能寄存器区	0x80～0xFF

1）通用寄存器区：该区域又分为 4 组，每组包含 8 个通用寄存器。选用时由特殊功能寄存器 PSW 决定。

2）可位寻址区：该区域既可按字节进行操作，又可按位进行操作。按位操作时，通过特殊修饰符 bit 定义的位变量分配在该区域。例如：

```
bit bit_buf; // 定义一个位变量，变量名称为 bit_buf
```

3）用户 RAM 区：该区域按字节操作，程序运行过程中，常用作变量的缓存。通过 data 特殊修饰符就可以将变量分配在该区域。在编程时默认将变量分配在用户 RAM 区，因此 data 可以省略。例如：

```
data unsigned char buf; //定义一个在用户 RAM 区的无符号字符型变量 buf
```

4）特殊功能寄存器区：该区域在芯片设计时已经对空间功能进行分配，作为专用功能寄存器，如 PSW 寄存器、定时器寄存器、串口寄存器等，通过 sfr 修饰符声明特殊寄存器变量在哪个 RAM 地址。在特殊功能寄存器区有部分寄存器也可以进行位操作，位操作变量声明通过 sbit 特殊修饰符进行声明。例如：

```
sfr P0 = 0x80; //声明特殊寄存器 P0，寄存器地址为 0x80
sbit LED = P0^7; //声明 LED 为特殊寄存器 P0 的 bit7
```

5）片外 RAM 存储区：该区域是扩展 RAM 区域，用来增大 RAM 空间。通过 xdata 修饰符可以将变量分配在该区域，也可通过 pdata 修饰符进行声明。例如：

```
xdata unsigned char buf; //定义一个在扩展 RAM 区的无符号字符型变量 buf
```

3. 运算符

在单片机 C 语言中，常用的运算符包括算术运算符、赋值运算符、位运算符、关系运算符和逻辑运算符。

（1）算术运算符

算术运算符实现单片机的加、减、乘、除、取余、自加、自减数学运算。各算术运算符及其含义、优先级如表 1.7 所示。

微课堂

算术运算符

表 1.7　算术运算符及其含义、优先级

序号	算术运算符	含义	优先级
1	++	自加	1（优先级别相同）
2	--	自减	
3	*	乘法	2（优先级别相同）
4	/	除法（取模）	
5	%	取余	
6	+	加法	3（优先级别相同）
7	-	减法	

表中所示"+、-、*"的用法与数学运算类似，需要注意的内容如下。

1）"/"用在整数类型时，为取模运算，结果取整数，如 5/2=2；用在浮点数运算时，为除法运算，如 5/2.0，结果为 2.5。

2）"%"为取余运算，如 5/2，结果为 1，取运算的余数。

3）"++"相当于"变量=变量+1"，如 i++ 等同于 i=i+1。

4）"--"相当于"变量=变量-1"，如 i-- 等同于 i=i-1。

（2）赋值运算符

赋值运算符是单片机基本的运算符，其功能是将一个变量或常量赋给另外一个变量。赋值运算符及含义如表 1.8 所示。

表 1.8　赋值运算符及含义

序号	赋值运算符	含义
1	=	赋值
2	+=	先加，再赋值
3	-=	先减，再赋值
4	*=	先乘，再赋值
5	/=	先除（取模），再赋值
6	<<=	先左移，再赋值
7	>>=	先右移，再赋值
8	%=	先求余数，再赋值
9	&=	先按位与，再赋值
10	^=	先按位异或，再赋值
11	|=	先按位或，再赋值

例如：

```
unsigned int i; // 定义一个无符号整数类型变量 i
```

```
i=5;  // 变量 i 赋值为 5
i+=2;  // i 与 2 相加，运算结果为 7，再赋值给 i
i-=3;  // i 与 3 相减，运算结果为 4，再赋值给 i
i*=4;  // i 与 4 相乘，运算结果为 16，再赋值给 i
i/=2;  // i 为整数类型，i 与 2 取模，运算结果为 8，再赋值给 i
i%=3;  // i 与 3 求余，运算结果为 2，再赋值给 i
i<<=3;  // i 左移 3 位，运算结果为 16，再赋值给 i
i>>=2;  // i 右移 2 位，运算结果为 4，再赋值给 i
i&=0xFF;  // i 与 0xFF 按位与，运算结果为 0x04，再赋值给 i
i|=0x08;  // i 与 0x08 按位或，运算结果为 0x0C，再赋值给 i
i^=0x55;  // i 与 0x55 按位异或，运算结果为 0x59，再赋值给 i
```

执行以上运算，i 的最终结果为 0x59。

微课堂

位运算符

（3）位运算符

位运算符用于数据中对位变量的处理，包括位逻辑运算和移位运算。位逻辑运算包括位与、位或、位异或、位取反 4 种；移位运算包括左移和右移运算 2 种。位运算符及其含义、优先级如表 1.9 所示。

表 1.9　位运算符及其含义、优先级

序号	位运算符	含义	优先级
1	~	按位取反	1
2	>>	右移	2（优先级别相同）
3	<<	左移	
4	&	按位与	3
5	^	按位异或	4
6	|	按位或	5

（4）关系运算符

关系运算符用于两个值的比较，得到"真"或"假"的运算结果，在程序中用 0 表示假，用非 0 表示真。关系运算符及其含义、优先级如表 1.10 所示。

表 1.10　关系运算符及其含义、优先级

序号	关系运算符	含义	优先级
1	>	大于	优先级别相同（高）
2	>=	大于等于	
3	<	小于	
4	<=	小于等于	
5	==	判断相等	优先级别相同（低）
6	!=	判断不等	

（5）逻辑运算符

逻辑运算符包括逻辑与运算、逻辑或运算、逻辑非运算，逻辑非运算优先级高于逻辑与运算和逻辑或运算。逻辑运算符及其含义、优先级如表 1.11 所示。

表 1.11　逻辑运算符及其含义、优先级

序号	逻辑运算符	含义	优先级
1	&&	与	优先级别相同（低）
2	‖	或	
3	!	非	优先级别高

上述几种运算符中，算术运算符优先级高于关系运算符，关系运算符高于位运算符，位运算符高于逻辑运算符，逻辑运算符高于赋值运算符；但逻辑运算符中的逻辑非运算的优先级别与算术运算符中的自加自减相同。

学生工作页

工作：认识单片机

学生		时间	
STC8 系列单片机型号含义		含义描述	评价
1	8A		
2	8K		
3	32		
4	S4		
单片机引脚功能		功能描述	评价
1	RST		
2	INT0～INT3		
3	XTALI、XTALO		
数据类型声明		描述	评价
1	字符型		
2	unsigned long int		
3	特殊位变量		
4	sfr		

续表

	学生		时间	
	运算符	功能描述	评价	
1	%			
2	+=			
3	<<			
4	==			

任 务 小 结

本任务通过认识单片机型号含义、引脚功能，初步了解单片机最小系统。正确理解变量定义和数据类型声明，牢记各种运算符，掌握单片机 C 语言基础知识是后续学习编程的关键。

任务 1.2 单片机驱动 LED

任务描述

点亮 LED 是学习单片机编程的经典示例，常作为单片机学习的第一课。本任务从项目的建立、编写点亮 LED 程序入手，学习单片机控制外部设备及简单程序编写、编译、下载的全过程。

任务目标

● 会使用 Keil 软件建立项目工程。
● 能分析单片机驱动 LED 原理。
● 会编写指令并下载程序。

1.2.1 建立项目工程

1. Keil 软件项目建立

Keil 是以工程项目为导向的软件。打开 Keil 软件后，单击图 1.7 中的"项目"命令，在弹出的下拉菜单中单击"新μVision 项目"命令，弹出如图 1.8 所示的对话框。输入文件名后单击"保存"按钮，保存新建工程项目。

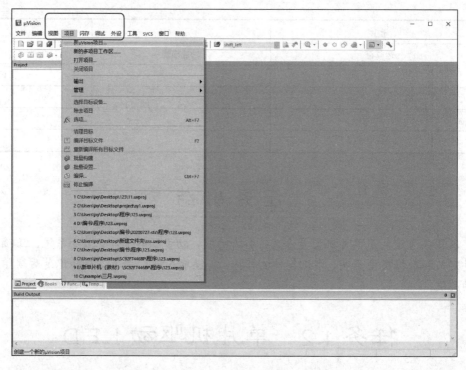

图 1.7　新建工程项目

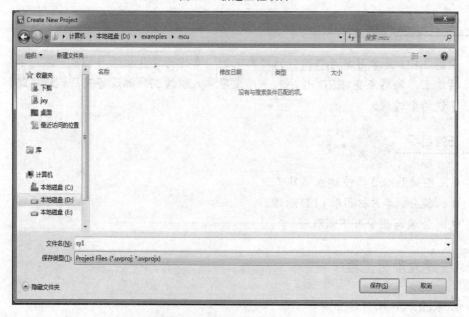

图 1.8　保存新建工程项目

单击"保存"按钮后，弹出 Select Device for Target 对话框，选择芯片类型为 STC MCU Database；选择单片机型号为 STC8A8K64S4A12，如图 1.9 和图 1.10 所示。

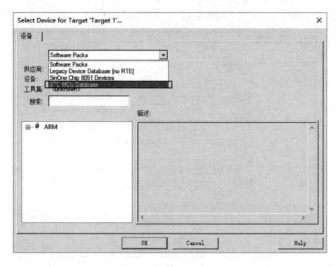

图 1.9　选择芯片类型

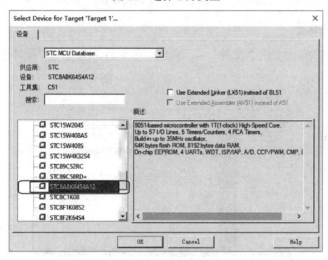

图 1.10　选择单片机型号

单击图 1.10 中的 OK 按钮，弹出如图 1.11 所示的对话框，单击"是"按钮，完成新建工程项目。

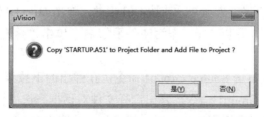

图 1.11　单片机启动代码添加对话框

工程项目创建结束后，弹出如图 1.12 所示的启动程序，此时无须处理。

图 1.12　工程创建结束后的启动程序界面

2. 创建用户程序

单击启动程序界面上的"文件"→"新建"命令后，出现用户程序编辑区，如图 1.13
所示。

图 1.13　用户程序编辑区

单击"文件"→"保存"命令，或按 Ctrl+s 键，弹出如图 1.14 所示的保存程序路径
对话框。输入文件名，并以".c"作为文件后缀名，单击"保存"按钮完成用户程序
创建。

如图 1.15 所示，右击 Source Group1 命令，在弹出的下拉菜单中单击 Add Existing
Files to Group'Source Group1'命令，弹出选择文件对话框。选中要添加的程序文件后单
击 Add 按钮，完成将用户程序添加到项目的操作，如图 1.16 所示。

图 1.14　保存程序路径对话框

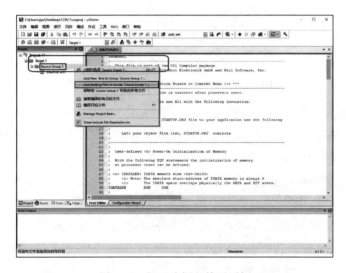

图 1.15　打开选择文件对话框

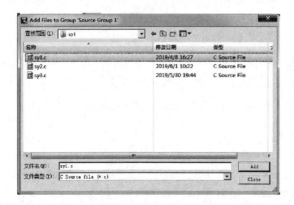

图 1.16　将用户程序添加到项目

3．项目设置与编译

用户程序编写完成后进行项目设置。如图 1.17 所示，单击"项目"→"目标选项 Target 1"命令调出设置对话框，或通过菜单栏中的快捷键 调出设置对话框。

图 1.17　"项目"→"目标选项 Target 1"

设置对话框如图 1.18 所示。选择"输出"选项卡，单击"为对象选择目录"按钮，用于选择编译后文件的保存路径，设置"可执行文件的名字"，选中"创建 HEX 文件"复选框。设置完成后，单击 OK 按钮生成.hex 文件。

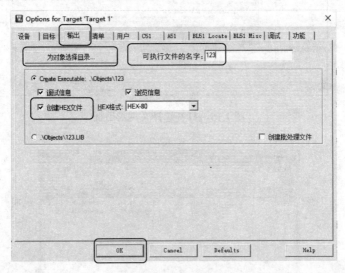

图 1.18　设置对话框

如要使用仿真器进行在线仿真，应选择"调试"选项卡，在使用选项栏中选择 STC Monitor-51 Driver 仿真器选项，如图 1.19 所示。不使用在线仿真时，该项可以不用设置。

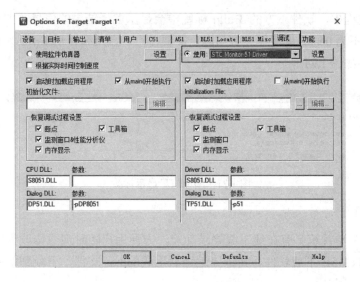

图 1.19　"调试"选项卡

如图 1.20 所示，单击"项目"→"编译目标文件"命令，进行编译操作，也可通过菜单栏中的快捷键 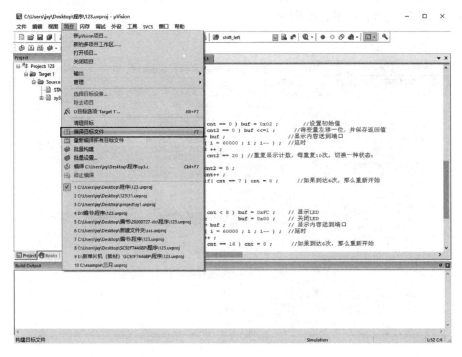 进行编译。

图 1.20　"项目"→"编译目标文件"

在编译过程中，软件下方的 Build 标签中会显示编译结果的信息。如出现 Error 或 Warning 的值不为 0 时，说明程序有问题，需要排查，直至编译后 Error 为 0 为止。编译信息显示标签如图 1.21 所示。

```
Build target 'Target 1'
assembling STARTUP.A51...
compiling sy1.c...
linking...
Program Size: data=9.0 xdata=0 code=16
"sy1" - 0 Error(s), 0 Warning(s).
 | | | | | | Build | Command | Find in Files |
```

图 1.21　编译信息显示标签

4. 下载程序

STC8 系列单片机具有在线下载烧录功能，方便用户随时观察修改程序。本书所用单片机通过 STC-ISP 下载软件，将程序编译后生成的.hex 文件，下载到单片机中，操作步骤如下。

① 打开 STC-ISP 软件，选择"单片机型号"为 STC8A8K32S4A12，如图 1.22 所示。

② 单击"打开程序文件"按钮，在弹出的"打开程序代码文件"对话框中，选择需要打开的程序文件，如图 1.23 所示。

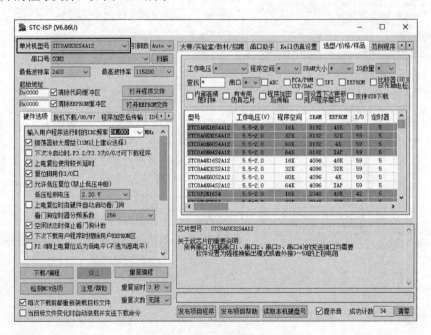

图 1.22　选择单片机型号

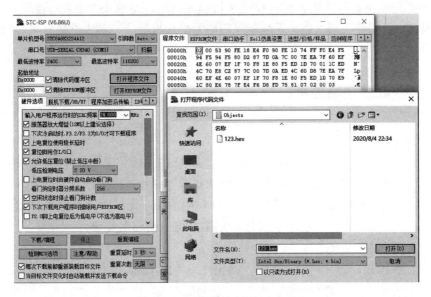

图 1.23　选择需打开的程序文件

③ 下载程序。确定实验板电源处于关闭状态（单片机不上电），单击"下载/编程"按钮后，实验板上电并开始下载程序，如图 1.24 所示。

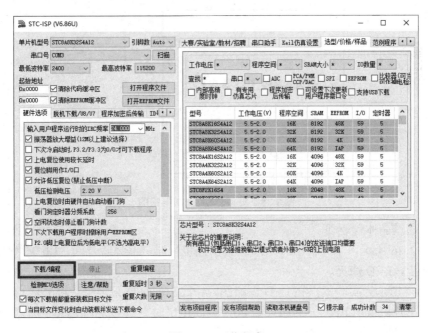

图 1.24　下载程序

STC 单片机下载程序时，应确保单片机是冷启动，即单击"下载/编程"按钮前单片机未通电，否则将下载失败。下载步骤归纳为单片机断电→单击下载→单片机上电→开始下载。

1.2.2　点亮 LED 电路分析

1. 单片机驱动 LED 原理

LED 又称发光二极管，其工作原理是：当 LED 两端所加电压超过正向压降时发光，否则不发光。单片机要点亮 LED 有直接驱动和通过晶体管驱动两种驱动方式。采用直接驱动的优点是电路简单，缺点是单片机 IO 口电流小，无法驱动大功率 LED；通过晶体管驱动增大了驱动电流，能驱动大功率 LED，但电路相对复杂。

（1）直接驱动

如图 1.25 所示，单片机 IO 口 P0.7 输出低电平时 LED 点亮，R_1 是限流电阻器，使 LED 工作电流不超过其额定电流，避免 LED 过流损坏。

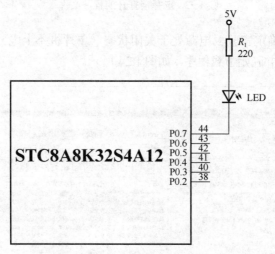

图 1.25　直接驱动 LED 电路图

（2）通过晶体管驱动

如图 1.26 所示，单片机 IO 口 P0.7 输出高电平时，晶体管导通，LED 点亮；反之晶体管截止，LED 熄灭。

图 1.27 所示为实验板点亮 LED 电路图，4 个三色 LED 采用单片机 IO 口直接驱动，分别连接单片机 IO 口 P0.2～P0.7。如 P0.2 为高电平时，LED_1 和 LED_3 中的蓝色灯（三色 LED 标号为 4 的是蓝色 LED）同时点亮。

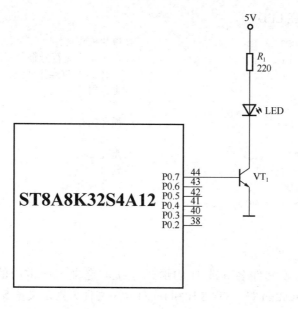

图 1.26 晶体管驱动 LED 电路图

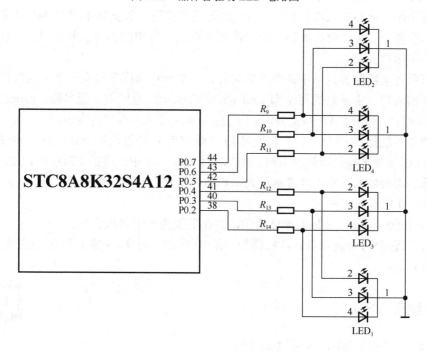

图 1.27 实验板点亮 LED 电路图

2. 编写程序

在 Keil 软件中的用户程序编辑区，输入如下 C 语言程序。值得注意的是，在输入程序时须将输入法切换成英文半角状态。

程序功能：点亮 LED

```
#include<STC8.H>              //单片机头文件
unsigned int i;              //定义 i 为无符号整型变量
sbit LED = P0^7 ;            //定义 LED 位操作变量
void main()                  //主函数
{
    while(1)                 //循环执行
    {
        LED = 1 ;            //点亮 LED
        for(i=1000;i;i--);   //延时
        LED = 0 ;            //LED 灭
        for(i=1000;i;i--);   //延时
    }
}
```

（1）单片机头文件

单片机头文件以文件名.h 或.H 的形式存在，定义一些常用的函数与变量，如 STC8.H、reg51.h、math.h 等。STC8.H 和 reg51.h 头文件分别定义了 STC8 系列单片机和51 单片机的特殊功能寄存器和位寄存器。

在程序编写前要加入需要的头文件，其意义是将这个头文件中的全部内容放到引用头文件的位置处，免去每次编写同类程序都要将头文件中的语句重复编写的麻烦。

（2）主函数 main()

所有单片机程序都是从主函数开始运行，一个单片机程序只有一个主函数，它代表整个程序的入口。主函数的写法为 void main()，表示无返回值、无参数。main()后面不带;，但跟着{}，所有的程序都写在这个{}内，详细说明在后续内容中。

主函数内的指令 LED = 1 ;即将变量 LED 赋值为 1,通过语句 sbit LED = P0^7 ;声明，操作 LED 即等效于操作单片机 IO 口 P0.7，驱动图 1.27 中对应的 LED_2 和 LED_4。

提示：在数字电路中，只有两种表示状态的电平，即高电平和低电平。一般用 1 表示高电平；0 表示低电平。

for(i=1000;i;i--)和 while(1)循环语句，将在后续内容中详细介绍。

C 语言程序中，//表示单行注释语句，即//所在的一行中，//本身和在//之后的字符串会被编译器忽略。

1.2.3　编程点亮 LED

步骤 1：绘制电路图，如图 1.27 所示。

步骤 2：绘制点亮 LED 程序流程图，如图 1.28 所示。

步骤 3：编写程序，编译并输出.hex 文件。

在用户程序窗口输入如下 C 语言程序。注意，在输入程序时须将输入法切换成英文半角状态。

微课堂

编程点亮 LED

```
#include <STC8.H>
sbit LED = P0^7 ;      //定义特殊位变量 LED

void main()
{
    int i , j ;          //定义变量 i,j 为整型数据
    P0NCS = 0x00 ;        //使能 P0 口施密特触发器
    P0PU = 0xFF ;         //使能 P0 口上拉电阻
    P0M0 = 0x00 ;         //设置 P0 口为弱上拉模式
    P0M1 = 0x00 ;
    P0   = 0x00 ;         //设置 P0 口初始值为 0

    while( 1 )
    {
        LED = 1 ;                    //点亮 LED
        for( j = 10 ; j ; j-- )  //延时显示
        for( i = 60000 ; i ; i-- ) ;
        LED = 0 ;                    //关闭 LED
        for( j = 10 ; j ; j-- )  //延时
        for( i = 60000 ; i ; i-- ) ;
    }
}
```

开始
↓
初始化参数
↓
显示LED
↓
延时
↓
关闭LED
↓
延时
↓
结束

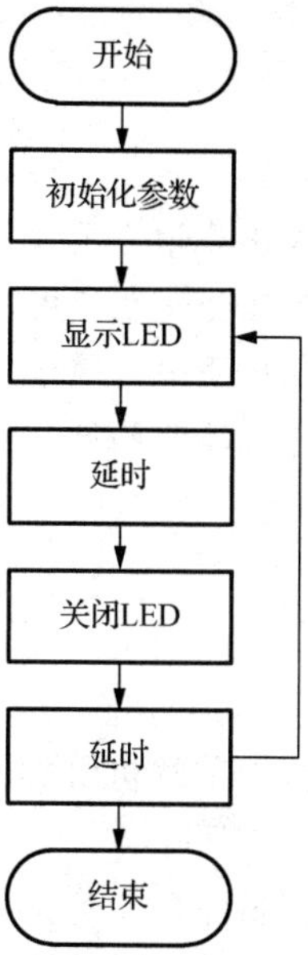

图 1.28　点亮 LED 程序流程图

步骤 4：单片机程序烧录。

步骤 5：脱机运行，观察实验板运行效果，LED_2 和 LED_4 蓝色灯闪烁显示。

学生工作页

工作：回顾点亮 LED

学生			时间	
编程基础		程序编写/说明	评价	
1	变量位定义			
2	整型变量定义			
3	主函数编写			
4	包含头文件			
修改程序		程序编写/说明	评价	
1	语句 LED = 1 后加延时指令的含义			
2	点亮红色 LED（P0.5），延长点亮和熄灭的时间			

任 务 小 结

本任务学习了项目工程创建、编译、下载等完整操作流程，是单片机编程的基本操作，后续会反复使用，需要熟练掌握。任务中初步接触了程序编写，了解主函数名、头文件包含语句，通过模仿例程来完成 LED 点亮程序与内容。这些知识点和技能点是学习单片机编程的第一步。

项 目 小 结

认识单片机引脚、了解单片机最小系统、掌握 Keil 软件使用是学习单片机编程的第一步。

变量命名、数据类型及运算符是单片机 C 语言的基础知识，是学习 C 语言编程的开端，后续会学习更多的 C 语言知识，在学习过程中，应该多加运用加强记忆。

点亮 LED 是学习单片机编程的经典例程，通过学习该例程，学生能够体验单片机编程及软件平台的使用，树立学习信心。

知 识 巩 固

1. 设变量 i 为整型数据，初值为 100，求以下运算的结果。

1) i = 5 ;　　i=_____。

2) i += 2;　　i=_____。

3) i -= 3;　　i=_____。

4) i *=4;　　i=_____。

5) i /=2;　　i=_____。

6) i %= 3 ;　　i=_____。

7) i <<= 3 ;　　i=_____。

8) i >>= 2 ;　　i=_____。

9) i &= 0xFF ;　　i=_____。

10) i |= 0x08;　　i=_____。

11) i ^= 0x55;　　i=_____。

2. 什么是单片机？举例说明其应用。

3. 分别说明 char、unsigned char、int、unsigned int 表示的数据类型及大小。

4. 单片机包含哪几种存储器？说明定义变量的异同。

5．bit 和 sbit 有何区别？

6．设计点亮 LED 电路原理图。

7．STC8A8K32S4A12 单片机哪几只引脚有特殊功能？

8．单片机驱动 LED 共有几种方式？分别是什么？

9．指出下列正确的变量名。

①\$123；②_sum；③buffer_；④*temp；⑤2inc；⑥sum_123_inc；⑦BUF\$。

10．定义一个寄存器地址为 0x90、寄存器名称为 SUM 的特殊寄存器。

11．如图 1.25 所示，LED_1 工作时正向压降为 2V、工作电流要求为 5mA，计算限流电阻器 R_1 阻值。如果限流电阻器阻值为 10k，会产生什么现象？

12．LED_1 电路图如图 1.29 所示，编写程序点亮 LED_1。

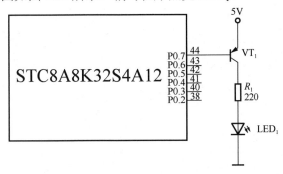

图 1.29 LED_1 电路图

13．参考图 1.27，编写程序实现同时点亮三色 LED 中的两种颜色，并闪烁显示。

14．//及/*...*/在程序中表示什么含义？

项目 2

控制流水灯

 项目说明

    LED 被称为第 4 代照明光源或绿色光源，具有节能、环保、寿命长、体积小等特点，在照明领域占据着重要的地位，同时被广泛应用于信号指示、灯光装饰等各种场合。

    本项目通过单片机对流水灯的控制，使初学者对单片机的硬件电路及程序编写有一个初步的了解。通过修改程序，观察流水灯的不同变化，体验学习单片机的乐趣。

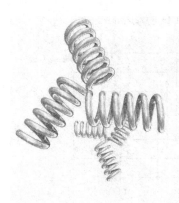

 知识目标

- 理解流水灯电路原理。
- 理解 C 语言循环语句和选择语句的应用。
- 掌握按键软件消抖原理。

 技能目标

- 会正确选择循环语句编写程序。
- 能看懂电路原理图。
- 能编写驱动流水灯的程序。

任务 2.1　实现简单的流水灯

任务描述

　　随着科学技术的飞速发展，在现代生活中，灯光效果作为一种景观应用越来越多。本任务利用单片机编程对多个 LED 灯循环点亮，实现简单的流水灯控制。通过对该任务的实践，掌握并能运用循环语句知识进行程序编写。

任务目标

- 能分析单片机流水灯控制硬件连接图。
- 会运用循环语句编写程序。

2.1.1　分析流水灯电路

　　实验板上的 LED 电路如图 2.1 所示，也可自行搭建 LED 驱动电路。

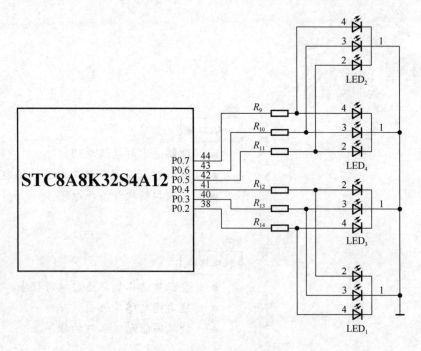

图 2.1　实验板上的 LED 电路

LED 循环灯采用单片机直接驱动模式，共有 4 组三色 LED，每组分别有 3 种不同的颜色，与单片机引脚的连接关系如表 2.1 所示。

表 2.1　LED 与单片机引脚对照表

序号	LED 编号		单片机驱动引脚	电平要求
1	LED₁ 红	LED₃ 红	P0.2	高电平点亮
2	LED₁ 绿	LED₃ 绿	P0.3	高电平点亮
3	LED₁ 蓝	LED₃ 蓝	P0.4	高电平点亮
4	LED₂ 红	LED₄ 红	P0.5	高电平点亮
5	LED₂ 绿	LED₄ 绿	P0.6	高电平点亮
6	LED₂ 蓝	LED₄ 蓝	P0.7	高电平点亮

　　当单片机 IO 口输出高电平时对应的 LED 点亮，任务要求驱动多个 LED 点亮并使之呈现"流水"效果，需要使用 C 语言的循环指令来完成该效果。

2.1.2　循环语句

　　单片机 C 语言常用 3 种循环语句，分别是 for 循环语句、while 循环语句、do while 循环语句。

　　1．for 循环语句

　　例程：

for 循环语句

```
unsigned char i; //定义变量 i 为 8 位无符号字符型
for( i = 200 ; i ; i-- )
{
    LED=1;          //点亮 LED
}
LED=0;              //LED 熄灭
```

　　程序运行过程如下。

　　第 1 步：将变量 i 赋值为 200。

　　第 2 步：判断 i 是否为真（非 0 为真）。结果是真，则执行{}中的循环语句点亮 LED，然后执行第 3 步；如果为 0，则结束 for 语句跳出循环，执行 LED=0。

　　第 3 步：将 i 减 1 并赋值给 i，重新进入第 2 步，程序继续执行。

　　由此例程可知，for 循环语句格式如下。

```
for (表达式 1;表达式 2;表达式 3)
    {
        内部循环语句(内部语句可以为空);
    }
```

执行过程如下。

第 1 步：求解一次表达式 1。

第 2 步：判断表达式 2（上述例程中表达式 2 也可写成 i>0）。若其值为真（非 0 即为真），则执行内部循环语句，然后执行第 3 步；否则结束 for 语句，直接跳出循环，不再执行第 3 步。

第 3 步：求解表达式 3 后再重复执行第 2 步。

for 循环语句流程图如图 2.2 所示。

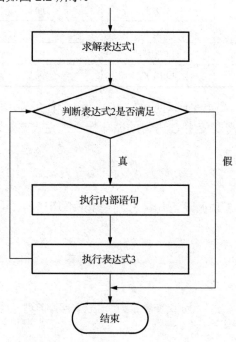

图 2.2   for 循环语句流程图

需要注意的是，3 个表达式之间必须用;隔开。当内部循环语句为空时，{}可以省略，直接用;作为结束，如 for(; ;);。

上述例程中，i 的初值是 200，初值设置越大，单片机循环执行次数越多，所需的时间也就越长。因此，常用 for 循环语句编写简单的延时函数。

上述例程中，希望循环 2000 次，是否可以修改为 for(i = 2000 ; i; i--)，答案是不可以的。变量 i 定义为无符号字符型，其最大值为 255，执行 for（i = 2000 ; i; i--），因为 i 的初值大于 255，程序编译时会直接丢掉高 8 位值（2000 转换为 16 进制是 7D0），取低位 D0，即 208 次。

实现循环 2000 次的方法为，将 i 定义为 int 型，最大值为 65536，或采用如下嵌套语句。

```
unsigned char i,j;
for( i = 200 ; i> 0 ; i-- )
for( j = 10 ; j> 0 ; j-- );      //内部循环语句
```

两层嵌套语句共执行了 200×10 次 for 语句，在循环次数更多时，还可用三、四层嵌套完成。在上述语句中，for (i = 200;i> 0 ; i--) 后面没有;和{}，故后面紧跟着的第一条带;的语句作为它的内部循环语句执行。

　　for 语句作为延时使用，其延时时间的精确计算比较困难，只能通过程序运行给出大概延时时间。如果需要精确的延时时间，可以通过单片机内部的定时器实现，该部分内容将在项目 3 中做详细介绍。

　　2. while 循环语句

　　例程：

微课堂

while 循环语句

```
while( 1 )
unsigned int i;                    //定义变量 i 为无符号整型
{
    LED = 1 ;
    for( i = 60000 ; i ; i-- ) ;      //LED 点亮
    LED = 0 ;
    for( i = 60000 ; i ; i-- ) ;      //LED 熄灭
}
```

　　程序运行过程如下。

　　第 1 步：while 语句先判断()中表达式的值，该值为 1，判断为真（非 0），开始执行{}里面的语句。

　　因为在 C 语言中把 0 认为是假，非 0 认为是真，也就是说只要不是 0 即为真，因此表达式写 1、2、3 等都是同等效果。

　　while 语句的()中表达式可以是一个常数、一个运算或一个带返回值的函数。

　　第 2 步：将 LED 置 1（点亮）。

　　第 3 步：延时。

　　第 4 步：将 LED 置 0（熄灭）。

　　第 5 步：延时。

　　第 6 步：重新判断 while 语句表达式是否为真，只要表达式值一直为真，则循环执行{ }内的语句。

　　由此例程可知 while 循环语句格式如下。

```
while (表达式)
{
    内部循环语句(内部语句可以是空);
}
```

　　执行过程如下。

　　先判断表达式，结果为真，则执行内部循环语句。内部语句执行结束后，再次判断表达式，为真则继续重复执行；为假则停止循环，结束当前的 while 语句。while 语句常用在主程序，流程图如图 2.3 所示。

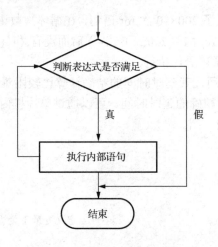

图2.3　while 循环语句流程图

当 while 语句没有内部执行语句时{}可以省略，直接用;表示语句结束；当内部只有1 条语句时，可以省略{}，内部循环语句紧跟在 while()的后面，语句如下。

```
while(1)
P1 = 0x55 ;
```

如果内部循环语句不止 1 条，但没用{}时，while()只会把第 1 条语句（P0=0x55）作为内部循环语句，第 2 条语句（P1=0x12）被视为在 while 循环之外，语句如下。

```
while(1)
P0 = 0x55 ;
P1 = 0x12 ;
```

本例只会循环执行紧跟在 while()后的 P0=0x55 语句。

while()的内部语句可以为空,{}也可以省略,但是最后的;一定不能省略;否则 while()会把紧跟在它后面的第 1 条语句认为是它的内部循环语句。

```
LED=1;
While(1);
```

上面的语句中，程序执行 LED=1 语句后，再执行 while(1);，则程序一直停留在执行空语句处。

3. do while 循环语句

例程：

```
unsigned int i; //定义变量 i 为无符号整型
unsigned char k=100; //定义变量 k 为无符号字符型
do
{
    LED = 1 ;
```

微课堂

do while 循环语句

```
        for( i = 60000 ; i ; i-- ) ;//延时
        LED = 0 ;
        for( i = 60000 ; i ; i-- ) ;//延时
        k--;
    }
    while( k ) ;
```

程序运行过程如下。

第1步：将 LED 置1。

第2步：运行 for(i = 60000 ; i ; i--)语句，实现程序延时。

第3步：将 LED 置0。

第4步：运行 for(i = 60000 ; i ; i--)语句。

第5步：变量 k 减1。

第6步：判断 while 语句表达式的值 k。如为真，则重复执行第1步；否则退出循环。

由此例程可知 do while 语句格式如下。

```
    do
        {
            内部循环语句(内部语句可以为空);
        }
        While(表达式);
```

执行过程为先执行内部循环语句，然后判断 while 中表达式是否满足要求。判断为真则返回执行内部循环语句；判断为假则跳出循环。do while 循环语句流程图如图 2.4 所示。

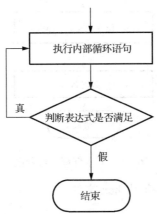

图 2.4　do while 循环语句流程图

对比 while 语句可以发现：while 语句先判断后执行；do while 先执行内部循环语句，后判断表达式。

类似 while 语句，do while 内部语句也可以为空，表达式可以是一个常数、运算表达式或带返回值的函数。当内部语句为空时，while()后的;也不能省略，否则编译时会直接报错。

2.1.3 编程实现流水灯

具体任务步骤如下。

步骤 1：绘制实验电路图，如图 2.1 所示。

步骤 2：编制程序流程图，如图 2.5 所示。

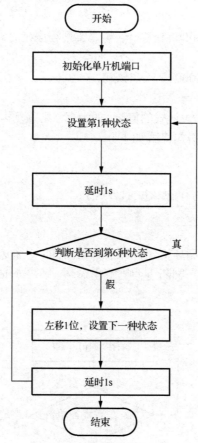

图 2.5 流水灯程序流程图

步骤 3：编写程序，编译并输出.hex 文件。

```
#include<STC8.H>

void main(    )
{
    unsigned int i , j , k ;
    unsigned int buf ;
    P0NCS = 0x00 ;              //使能 P0 口施密特触发器
    P0PU  = 0xFF ;              //使能 P0 口上拉电阻
    P0M0  = 0x00 ;              //设置 P0 口为弱上拉模式
```

```
P0M1  = 0x00 ;
P0    = 0x00 ;
while(1)
{
  buf = 0x04 ;                      //设置初始值
  P0 = buf ;                        //点亮LED
  for( j = 30 ; j ; j-- ) ;         //延时
  for( k = 60000 ; k ; k-- ) ;
  for( i = 0 ; i <6 ; i++ ) ;
  {
      buf <<= 1 ;                   //变量buf左移一位
      P0 = buf ;                    //点亮相关LED
      for( j = 30 ; j ; j-- ) ;         //延时
      for( k = 60000 ; k ; k-- ) ;
  }
 }
}
```

步骤4：单片机程序烧录。

步骤5：脱机运行，观察实验板运行效果。

观察实验板 LED，上电后先点亮 LED_1 与 LED_3，显示蓝绿红，再点亮 LED_2 与 LED_4，显示红绿蓝，并不断循环。

学生工作页

工作1：回顾基础知识

学生		时间	
循环语句	程序编写/分析	评价	
1	用 for 编写一个循环语句		
2	说明 while(1)含义		
3	比较 while 与 do while		

工作2：修改控制流水灯程序

学生		时间	
编程实现	修改的语句	评价	
1	延时时间为2s		
2	右移，显示红绿蓝，再显示蓝绿红		
3	编写自己喜欢的颜色显示顺序		

任 务 小 结

本任务通过单片机控制流水灯，学习如何正确使用循环语句进行编程。在不改变硬件的情况下，修改程序可使 LED 流水灯呈现不一样的效果，加深对知识学习的理解运用。

任务 2.2　按键控制流水灯

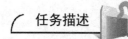 **任务描述**

生活中随处可见带按键的电子设备，如遥控器、计算机键盘等。本任务即是以按键作为基本输入设备，实现键控 LED 流水灯。

单片机识别按键是否按下，是对按键状态的选择，C 语言中常见的选择语句是 if 及 switch case，这也是本任务的学习重点。

 任务目标

- 了解独立按键的工作原理。
- 会使用软件延时消抖。
- 学会正确使用选择语句，识别按键点亮流水灯。

微课堂

2.2.1　选择语句

if 选择语句

1. if 选择语句

if 选择语句是用来判断所给定的条件是否满足，并根据判断的结果，选择执行后续操作。if 语句一共有 3 种格式，分别如下。

（1）if 语句

例程：

```
if( n==0 )
    {
        LED =1;
    }
```

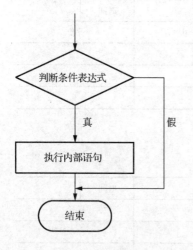

图 2.6　if 语句流程图

if 语句流程图如图 2.6 所示，程序运行过程如下。

第1步：判断 if()里的表达式 n 是否为 0。如果为 0，执行第 2 步；如果不为 0，跳过第 2 步，执行后续语句。

第2步：执行内部语句 LED=1。

由此例程可知，if 语句格式如下。

```
if（条件表达式）
{
    内部语句；
}
```

先判断条件表达式。其值为真，则执行内部语句；其值为假，则不执行内部语句。

（2）if else 语句

例程：

```
if( n==0)
{
    LED=1;
}
else
{
    LED=0;
}
```

if else 流程图如图 2.7 所示，程序运行过程如下。

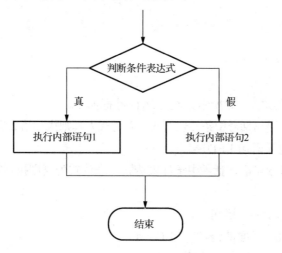

图 2.7　if else 流程图

第1步：判断 if()里面的表达式。如果 n 为 0，执行第 2 步；否则执行第 3 步。

第2步：执行内部语句 LED=1。

第3步：执行内部语句 LED=0。

由此例程可知，if else 语句格式如下。

```
if（条件表达式）
{
    内部语句1;
}
else
{
    内部语句2;
}
```

如果条件表达式的值为真，则执行内部语句 1；如果条件表达式的值为假，则执行内部语句 2。所以 if else 语句是一个二选一的语句。

（3）if...else if 语句

例程：

```
if( n == 0 )
{
    LED1=1;
}
else if( n==1)
{
    LED2=1;
}
else
{
    LED3=1;
}
```

if...else if 流程图如图 2.8 所示，程序运行过程如下。

第 1 步：判断 if 语句括号中条件表达式。表达式为真则执行第 2 步；否则执行第 3 步。

第 2 步：执行内部语句 LED1=1。

第 3 步：判断 else if 语句括号中条件表达式。表达式为真则执行第 4 步；否则执行第 5 步。

第 4 步：执行 LED2=1 语句。

第 5 步：执行 else 里面的语句，LED3=1。

由此例程可知，if...else if 语句格式如下。

```
if（条件表达式1）
    {内部语句1;}
else if（条件表达式2）
    {内部语句2;}
else if（条件表达式3）
```

```
{内部语句 3;}
…
else
{内部语句 n;}
```

if...else if 语句是处理多个分支的选择语句。程序依次判断条件表达式的值，为真时则执行相应语句，否则执行后面的 if 语句。if 语句在 C 语言编程中使用频率很高，用法也不复杂，需熟练掌握。

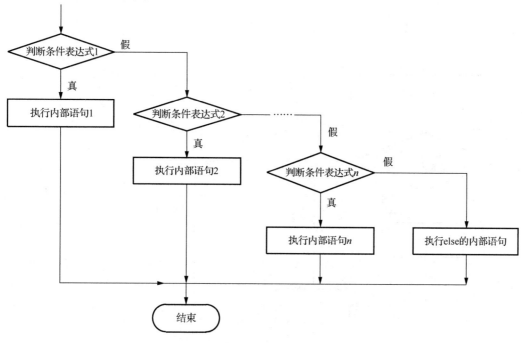

图 2.8 if...else if 流程图

2. switch case 语句

用 if 及 else 处理多分支程序时，分支太多就会显得复杂，容易出现 if 及 else 配对错误的情况，在 C 语言中提供了另外一种多分支选择语句，即 switch case 语句。

例程：

```
switch( n )
{
    case 0: { LED1 = 1 ; }
    case 1: { LED2 = 1 ; }
    default: { LED3 = 1 }
}
```

switch case 语句

程序运行过程如下。

首先判断 n 的值。n 为 0，执行第 1 条语句；n 为 1，执行第 2 条语句；n 为其他，执行第 3 条语句。

switch case 语句格式如下，流程图如图 2.9 所示。

```
switch（表达式）
{
    case 常量表达式 1:语句 1;
    case 常量表达式 2:语句 2;
    …
    case 常量表达式 n:语句 n;
    default:语句 n+1;
}
```

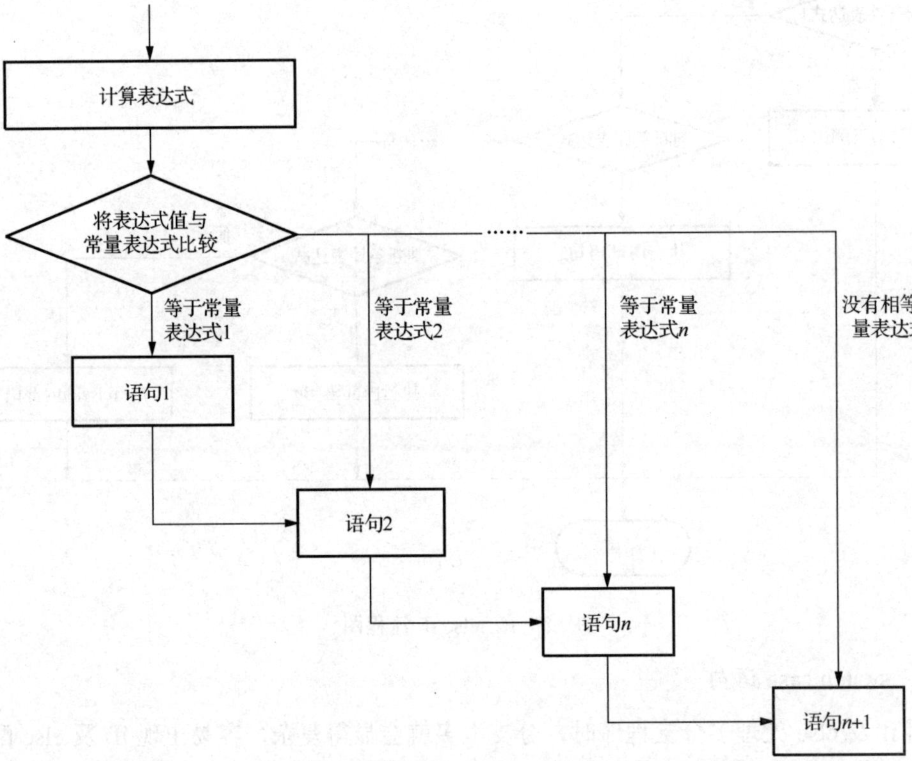

图 2.9　switch case 流程图

程序执行过程为先计算表达式的值，依次比较 case 后面的常量表达式：相等就执行相应的语句；都不相等就执行 default 后的语句 n+1。

值得注意的是，当找到一个相等的 case 分支并执行后，程序会继续比较后续 case 分支。在一些应用中，希望选择其中的一个分支来执行，执行完就结束整个 switch 语句。这时，可以使用 break 语句来实现结束 switch 语句块，具体用法如下。

```
switch( n )
{
    case 0: { LED1 = 1 ; break; }
```

```
        case 1: { LED2 = 1 ; break; }
        default: { LED3 = 1 }
    }
```

程序运行过程如下。

首先判断 n 的值。n 为 0，执行 LED1=1 及 break，结束 switch 运行；n 为 1，执行 LED2=1 及 break，结束 switch 运行；n 为其他，执行 LED3=1，结束 switch 运行。

switch 与 break 组合语句格式如下，其流程图如图 2.10 所示。

```
switch(表达式)
{
    case 常量表达式 1: 语句 1; break;
    case 常量表达式 2: 语句 2; break;
    …
    case 常量表达式 n: 语句 n; break;
    default: 语句 n+1; break; //default 后面的 break 可省略
}
```

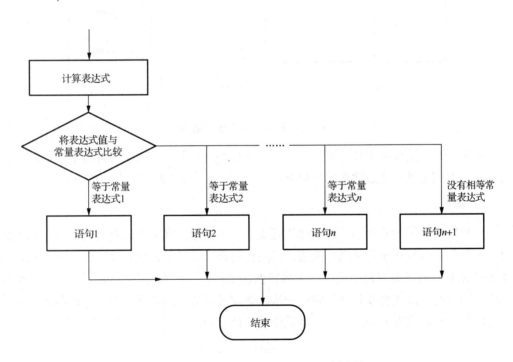

图 2.10　switch 与 break 组合语句流程图

break 语句除了在 switch 语句中应用，同样也可以用于 for 循环和 while 循环，用来终止循环语句。

2.2.2 实现独立按键

1. 独立按键接口电路

常用的按键电路有独立式按键和矩阵式按键两种形式。独立式按键比较简单，按键与单片机独立的引脚相连接，其接口电路如图 2.11 所示（实验板上 JP 用短路帽连接）。

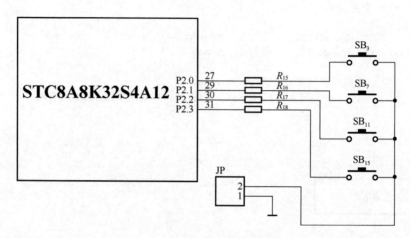

图 2.11 独立式按键接口电路

按键 SB_3 在没有按下时，单片机 IO 口 P2.0 为高电平；当按键 SB_3 按下时，P2.0 为低电平。由此可见，通过读取单片机 IO 口的高低电平可判断按键是否按下。

2. 按键消抖

通常按键所用的开关都是机械弹性开关，当机械触点在断开或闭合时，由于弹性作用，并不会立刻断开或立刻稳定接通，而是在闭合或断开的瞬间伴随一连串的抖动，如图 2.12 所示。抖动时间是由按键的机械特性决定的，一般都会在 10ms 以内，为了确保程序对按键的一次闭合或断开只响应一次，必须进行按键的消抖处理。当检测到按键状态变化时，不是立即去响应动作，而是先等待闭合或断开稳定后再进行处理。

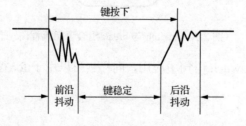

图 2.12 键按下过程

按键消抖可分为硬件消抖和软件消抖。硬件消抖通常在按键上并联一个电容，如图 2.13 所示，利用电容的充放电特性来对抖动过程中产生的电压毛刺进行平滑处理，从而实现消抖。但实际应用中，这种消抖方式的效果往往不是很好，还增加了成本和电路复杂度，所以使用的并不多。

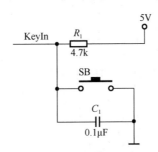

图 2.13　硬件消抖电路

大多数情况下用软件（即程序）来实现消抖。软件消抖的原理是：当检测到按键状态变化后，先等待一个 10ms 左右的延时时间，让抖动消失后再进行一次按键状态检测；如果与刚才检测到的状态相同，则确认按键已经稳定。

按键检测与消抖程序如下。

```
if( SB == 0 )                        //检测按键 SB 是否按下
{
    for(i=6000;i>0;i--)              //消除抖动，延时 10ms
        for(j=4;j>0;j--) ;
    if(SB==0)                        //再次判断按键是否按下
    {
        LED=1;                       //LED 置 1
    }
    while(!SB);                      //等待按键松开
}
```

while(!SB)执行的是：当按键一直按着，!SB 为 1，即一直执行 while(1)；当按键松开，!SB 为 0，结束按键扫描。

2.2.3　编程实现按键流水灯

步骤 1：绘制按键与 LED 电路图，如图 2.14 所示。

微课堂

编程实现按键流水灯

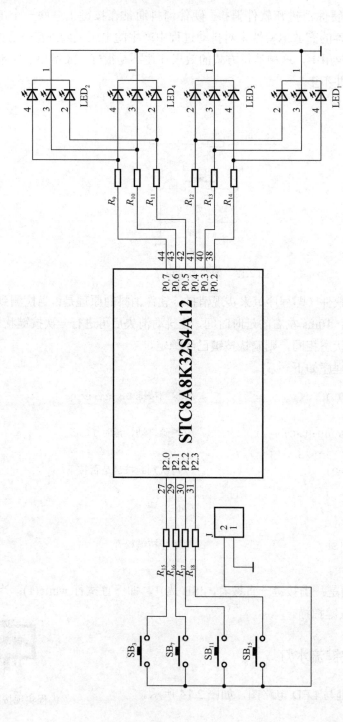

图 2.14 按键与 LED 电路图

步骤 2：编制按键流水灯程序流程图，如图 2.15 所示。

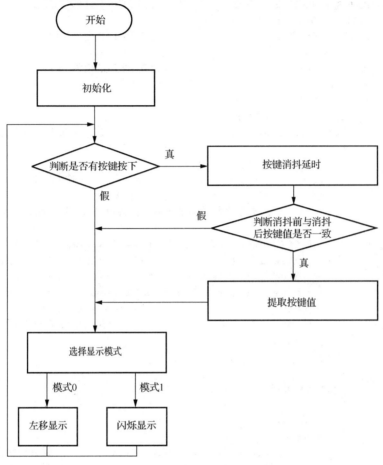

图 2.15　按键流水灯程序流程图

步骤 3：编写程序，编译并输出.hex 文件。

```
#include<STC8.h>
void main()
{
    unsigned int i , j ;
    unsigned int cnt , cnt2 ;    //状态计数器
    unsigned int buf ;
    unsigned int key_buf ;
    unsigned int mode ;          //设置初始 LED 移动模式

    P0NCS = 0x00 ;               //使能 P0 口施密特触发器
    P0PU  = 0xFF ;               //使能 P0 口上拉电阻
    P0M0  = 0x00 ;               //设置 P0 口为弱上拉模式
    P0M1  = 0x00 ;
    P0    = 0x00 ;
```

```
P2NCS = 0x00 ;
P2PU  = 0xFF ;
P2M0  = 0x00 ;                          //设置 P2 口为弱上拉模式
P2M1  = 0x00 ;
P2    = 0xFF ;                          //设置 P2 口的值为 0xFF
while(1)
{
    key_buf = 0xFF ;
    if( ( P2 & 0x0F ) != 0x0F )          //判断是否有按键按下
    {
        key_buf = P2 & 0x0F ;
        for( j = 60000 ; j ; j-- ) ;      //延时消抖
        if( key_buf == ( P2 & 0x0F ) )
                    //判断消抖前与消抖后，按键值是否一样，如果一样提取键值
        {
            if( ( key_buf & 0x08 ) == 0 ) mode = 0x01 ;
            else if( ( key_buf & 0x04 )==0 ) mode = 0x00 ;
            else if( ( key_buf & 0x02 )==0 ) mode = 0x01 ;
            else if( ( key_buf & 0x01 )==0 ) mode = 0x00 ;
            else                    mode = 0x00 ;
            cnt = 0 ;                    //初始化按键计数器
            cnt2 = 0 ;
        }
    }
    switch( mode )
    {
        //流水灯左移
        case 0: {
                if( cnt == 0 ) buf = 0x04 ;    //设置初始值
                P0 = buf ;                      //显示内容送到端口
                for( i = 60000 ; i ; i-- ) ;   //延时
                if( cnt2 == 0 ) buf <<=1 ;
                                //将变量左移一位，并保存返回值
                cnt2 ++ ;
                if( cnt2 == 20 )
                    //重复显示计数，每重复 20 次，计数清零
                {
                    cnt2 = 0 ;
                    cnt++ ;
                    if( cnt == 6 ) cnt = 0 ;
                            //如果到达 6 次，重新开始
                }
            }break ;
        //流水灯闪烁功能
        case 1: {
                if( cnt < 8 ) buf = 0xFC ;     // 显示 LED
                else          buf = 0x00 ;     // 关闭 LED
```

```
            P0 = buf ;                    // 显示内容送到端口
            for( i = 60000 ; i ; i-- ) ;  //延时
            cnt++ ;
            if( cnt == 16 ) cnt = 0 ;     //16 次后重新开始

            }break ;
        default:{  mode = 0; }break ;
        }
    }
}
```

步骤 4：单片机程序烧录。

步骤 5：脱机运行，观察实验板运行效果。

实验板上 JP 用短路帽进行短接，实现独立按键电路设置。按下按键 SB$_3$ 或 SB$_{11}$ 时，LED$_1$ 与 LED$_3$ 显示蓝绿红，紧接着 LED$_2$ 与 LED$_4$ 显示红绿蓝。如此循环。当 SB$_7$ 或 SB$_{15}$ 按下时，LED 闪烁显示。

学生工作页

工作 1：回顾基础知识

	学生		时间	
	选择语句	解答区	评价	
1	画出 if else 语句程序流程图			
2	按键软件消抖工作原理			
3	写出 switch 语句格式			

工作 2：修改按键控制流水灯程序

	学生		时间	
	编程实现	修改的语句	评价	
1	SB$_{15}$ 按键按下后，右移两位显示			
2	SB$_{11}$ 按键按下后，红、绿、蓝 3 种颜色分别闪烁 3 次。如此循环			

任 务 小 结

选择语句在 C 语言程序中是重要的分支处理方式，需要在实践中反复运用体会。其中 if 与 switch 在许多场合可代替使用，注意区分用法的异同；if 与 else 常会成对出现；break 语句是中止本次循环，使用得当能提高程序运行效率。

通过编写程序实现使用按键对流水灯的控制，理解按键消抖原理，学会单片机端口数据读取方法，为学习矩阵按键奠定基础。

项 目 小 结

循环语句在程序中使用频繁，for 语句由循环体及循环的判定条件两部分组成，循环的判定条件在()内，中间用;隔开，循环体应写在{}内。

应用时须注意：while 语句先判断条件后执行循环体；do while 语句先执行循环体，再判断条件。

选择分支语句是体现程序"智能化"的重要方式。在某些场合，if 与 switch case 能起到相同的效果，但在程序层次性与可读性方面有差异。初学时，要注意用法上的区别，规范书写格式。

按键消抖有硬件消抖和软件消抖两种方式，重点掌握软件消抖原理和方法，正确选择消抖方式。

知 识 巩 固

1. 常用循环语句有哪几种？
2. 列出所有条件判断语句。
3. 按键消抖方式有哪几种？
4. 写出 while 语句与 do while 语句的区别。
5. 画出下面 while 程序的流程图。

```
i = 0 ;
while( i < 5 )
{
    i++ ;
}
```

6. 将下面 while 语句改为实现相同功能的 for 语句。

```
i = 100 ;
while( i )
{
    j++ ;
    i-- ;
}
```

7．如图 2.14 所示，编写程序实现以下功能：当第 1 次按下 SB_3 时，LED_1 亮；当第 2 次按下 SB_3 时，LED_1 灭。如此循环。

8．如图 2.14 所示，编写程序实现以下功能：按下 SB_3，全部 LED 红灯亮；按下 SB_7，全部 LED 绿灯亮；按下 SB_{11}，全部 LED 蓝灯亮；按下 SB_{15}，全部 LED 灯灭。

9．如图 2.14 所示，编写程序实现以下功能：制作 3 种流水灯效果，每隔 5s 自动轮流变换。

项目 3

制作智能交通灯

项目说明

　　交通灯被广泛应用于道路路口，成为疏导交通的有效工具，它与人们日常生活密切相关。随着人们的环保意识增强，节能型交通灯的应用也越来越广泛。

　　本项目通过 3 个任务，从数码管显示入手，实现倒计时及智能交通灯的控制。由简至难，逐步学习数码管及智能交通灯电路原理，完成程序编写。

知识目标

- 认识数码管。
- 熟悉 C51 数组与指针应用、函数及函数的调用。
- 会分析数码管、光控及交通灯单片机接口电路。
- 理解定时器中断原理及相关寄存器设置。

技能目标

- 会编写驱动数码管显示程序。
- 会使用单片机定时器并编写中断函数。
- 会编写智能交通灯程序。

任务 3.1　实现数码管显示

任务描述

数码管是一种常见的显示元件，内部由 LED 组成，能显示数字和字母。本任务从认识数码管入手，学习分析数码管接口电路，运用数组与指针编程实现单片机控制数码管显示。

任务目标

● 熟悉 C51 语言的数组与指针。

● 认识数码管的结构和分类。

● 能分析数据管静态及动态显示接口电路。

● 实现数码管静态及动态地显示。

3.1.1　数组与指针

在 C51 语言中，数组和指针是紧密联系的，在某些地方可以相互替换使用。灵活运用数组和指针，对于程序开发来说是至关重要的。

1. 数组

变量的基本类型有 char、int 等，这些类型描述的是单个具有特定意义的数据。当要处理拥有同类意义的多个数据时，需要用到数组，如数码管的段码，就可以用一个数组来表达。

数组是一组由若干个具有相同类型的变量所组成的有序集合。一般被存放在内存中一块连续的存储空间，数组中每一个元素都占有相同大小的存储单元。数组中的每一个元素都属于同一个数据类型，用一个统一的数组名和下标来唯一地确定数组中的元素。数组可以是一维的，也可以是二维和多维的，本任务重点学习一维数组。

（1）一维数组的定义

数组定义的一般形式为：

类型说明符　　数组名[常量表达式]

例如：

```
char  name[6];    //定义一个含 6 个元素的字符型数组
int  a[10];       //定义一个含 10 个元素的整型数组
float  temp[4];   //定义一个含 4 个元素的浮点型数组
```

说明：

1）数组名定义规则和变量名相同，遵循标识符定义规则。

2）数组名后是用[]括起来的常量表达式，不能用()，如 int　a(10);就是错误的用法。

3）常量表达式表示元素的个数，即数组长度。如 a[10]中 10 表示 a 数组有 10 个元素，下标从 0 开始，这 10 个元素分别为 a[0]、a[1]、a[2]、a[3]、a[4]、a[5]、a[6]、a[7]、a[8]、a[9]，不能使用数组元素 a[10]。

4）常量表达式中可以包括常量和符号常量，不能包含变量。也就是说，不允许对数组的大小作动态定义，即数组的大小不依赖于程序运行过程中变量的值。例如，下面这样定义数组是错误的：

```
int n ;
int a[ n ];
```

（2）一维数组的初始化

数组的初始化可以通过赋值语句或输入语句使数组中的元素得到初值，但这种方法占用运行时间。可以在程序运行之前初始化，即在编译阶段使之得到初值。

对数组元素初始化可以通过以下方法实现。

1）在定义数组时对数组元素赋以初值，例如：

```
int a[10] = { 0 , 1 , 2 , 3 , 4 , 5 , 6 , 7 , 8 , 9 };
```

将数组元素的初值依次放在{}内。

经过上面的定义和初始化后，a[0] = 0，a[1] = 1，a[2] = 2，a[3] = 3，a[4] = 4，a[5] = 5，a[6] = 6，a[7] = 7，a[8] = 8，a[9] = 9。

2）在定义数组时对数组部分元素赋以初值，例如：

```
int a[10] = { 0 , 1 , 2 , 3 , 4 };
```

定义数组 a 有 10 个元素，但{}内只提供 5 个初值，这表示只给前面 5 个元素赋初值，后面 5 个元素数值为 0。

经过上面的定义和初始化后，a[0] = 0，a[1] = 1，a[2] = 2，a[3] = 3，a[4] = 4，a[5] = 0，a[6] = 0，a[7] = 0，a[8] = 0，a[9] = 0。

3）对一个数组中全部元素赋 0，可以写成：

```
int a[10] = { 0 , 0 , 0 , 0 , 0 , 0 , 0 , 0 , 0 , 0 };
```

不能写成 int　a[10] = { 0 × 10 };。

另外，程序会对所有数组元素自动赋 0。

4）在对全部数组元素赋初值时，可以不用指定数组长度。例如：

```
int a[5] = { 1 , 2 , 3 , 4 , 5 };
```

也可以表达为：

```
int a[ ] = { 1 , 2 , 3 , 4 , 5 };
```

在第二种写法中，{}中有 5 个元素，系统就会据此自动定义 a 数组的长度为 5。但若被定义的数组长度与提供初值的个数不相同，则数组长度不能省略，如想定义数组长度为 10，就不能省略数组长度的定义，而必须写成如下形式：

```
int a[10] = { 1 , 2 , 3 , 4 , 5 };
```

（3）一维数组的使用

数组必须先定义后使用。语法规定只能逐个使用数组元素，而不能一次使用整个数组。数组元素的表达形式为：数组名[下标]。下标可以是整型常量或整型表达式。例如：

```
a[0] = a[5] + a[7]-a[2×3];
i = a[2];
```

2. 指针

在 C51 语言中定义一个变量后，编译器就会给该数组分配相对应的存储空间。对于字符型（char）变量就会在内存中分配 1 字节的内存单元，而对于整型（int）变量则会分配 2 字节的内存单元。

例如，程序中定义了 3 个整型变量 i、j、k，它们的值分别是 1、2、3。假设编译器将地址为 0x0100 和 0x0101 的 2 字节内存单元分配给了变量 i，将地址为 0x0102 和 0x0103 的 2 字节内存单元分配给了变量 j，将地址为 0x0104 和 0x0105 的 2 字节内存单元分配给了变量 k，则变量 i、j、k 在内存中的对应关系见表 3.1。

表 3.1　内存地址和变量的对应关系

内存地址	内存分配变量	变量的值
0x0100	i	1
0x0101	i	
0x0102	j	2
0x0103	j	
0x0104	k	3
0x0105	k	

在内存中变量名 i、j、k 是不存在的，对变量的存取都是通过地址进行的。存取的方式可分为直接存取和间接存取两种。

1）直接存取，如 int y=i×3，这时读取变量 i 的值是直接找到变量 i 在内存中的位置，即地址 0x0100，然后从 0x0100 开始的 2 字节读取变量 i 的值再乘以 3 作为结果赋值给变量 y。

2）间接存取方式下变量 i 的地址 0x0100 已经存在如 0x0500 的某个地址中，这时要存取变量 i 的值，可以先从地址 0x0500 中读出变量 i 的地址 0x0100，然后到 0x0100 开始的 2 字节中读取变量 i 的值。其实这种方式中就使用了指针的概念。

关于指针有两个重要的概念，即变量的指针和指向变量的指针变量。

1）变量的指针。变量的指针就是变量的地址，上面例子中变量 i 的指针就是地址 0x0100。

2）指向变量的指针变量。在上面例子中，如果把用来存放变量 i 的内存地址 0x0500 和一个变量 p 关联，那么这个变量 p 就称为指向变量 i 的指针变量。显然，指针变量的值是指针（变量的地址）。

（1）指针变量的定义

同一般变量一样，指针变量也是先定义后使用。指针变量定义的一般形式如下。

类型说明符　*变量名

这里*表示此变量为指针变量，变量名的命名规则同一般变量规则。

```
int   *point1;      //定义一个整型指针变量 point1
char  *point2;      //定义一个字符型指针变量 point2
float *point3;      //定义一个浮点型指针变量 point3
```

（2）指针变量的初始化

在 C51 语言中，变量的地址都是编译器自动分配的，用户不知道某个变量的具体地址，所以定义一个指针变量 p，可以把变量 a 的地址直接送给指针变量 p，表达式为 p=&a;。这里的&是取地址运算符，即把变量 a 的地址赋值给指针变量 p。对于指针变量 p 的初始化赋值有以下两种方法。

方法 1：定义时直接进行赋值。

```
char  a;
char  *p = &a;
```

方法 2：定义后再进行赋值。

```
char  a;
char  *p;
p = &a;
```

（3）指针变量的使用

```
char  a,b,c = 2;
char  tab[3]={ 6 , 7 , 8 };
char  *point1 = &c;       //指针*point1 指向变量 c
char  *point2 = &tab[0];   //指针*point2 指向数组 tab 第 1 个元素
a = *point1+3;
b = *(point2+1)-*point2;
```

上述程序运算完成后，a 的值等于 5，b 的值等于 1。在 a 的赋值运算中，指针*point1 指向变量 c，因此，*point1+3 就相当于 c+3，所以 a=2+3=5；在 b 的赋值运算中，指针 *(point2+1)指向的是数组第 1 个元素 tab[0]的地址加上 1，即指针*(point2+1)指向数组的第 2 个元素 tab[1]，因此，*(point2+1)-*point2 就相当于 tab[1]-tab[0]，所以 b=7-6=1。

3.1.2 编程实现静态显示数码管

微课堂

编程实现静态
显示数码管

1. 数码管的结构

数码管是一种由多只发光二极管组成的半导体发光器件。数码管中的每一段都是 1 只发光二极管，分别为 a、b、c、d、e、f、g、dp，其中dp 为小数点。COM 端是数码管中 8 只发光二极管的公共连接端。1 位数码管的引脚分布如图 3.1（a）所示。

2. 数码管的分类

数码管可以按显示的段数分为七段数码管、八段数码管和异型数码管；按能够显示多少个字符或数字可以分为 1 位、2 位、4 位、8 位等数码管；按数码管中各发光二极管的连接方式可以分为共阴数码管和共阳数码管，如图 3.1 中的（b）、（c）所示。

实验板使用的是 4 位共阴数码管，如图 3.2（a）所示。4 位共阴数码管引脚分布如图 3.2（b）所示，其中引脚 L1、L2、L3、L4 是数码管的位选端，引脚 a、b、c、d、e、f、g、dp 是数码管对应段的段公共端。4 位共阴数码管的内部结构如图 3.3 所示。

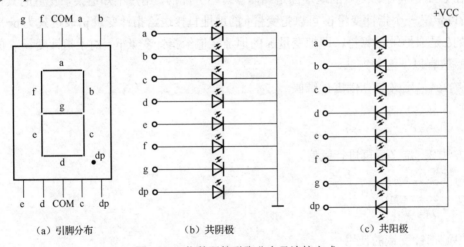

（a）引脚分布　　　　　（b）共阴极　　　　　（c）共阳极

图 3.1　1 位数码管引脚分布及连接方式

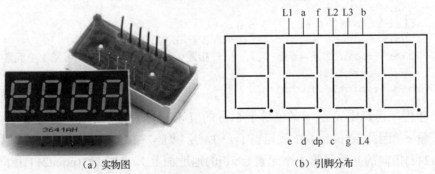

（a）实物图　　　　　　　（b）引脚分布

图 3.2　4 位共阴数码管实物图及引脚分布

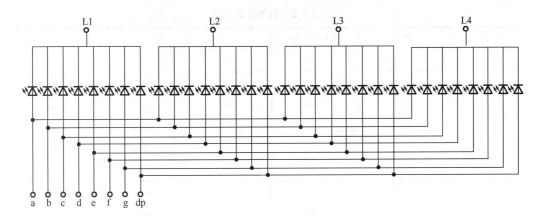

图 3.3 4 位共阴数码管内部结构

3. 数码管静态显示接口电路

数码管静态显示接口电路如图 3.4 所示。本任务中，选取 4 位共阴数码管的第 4 位作为静态显示来学习编程。单片机 P1 口的 8 个 IO 口引脚都通过一个限流电阻器后连接到数码管的各段引脚，数码管的位选端 L4 直接与单片机引脚 P4.3 连接。当 P4.3 输出低电平，P1 口输出 10000010（0x82）时，则数码管显示数字 1。数码管的段码如表 3.2 所示。

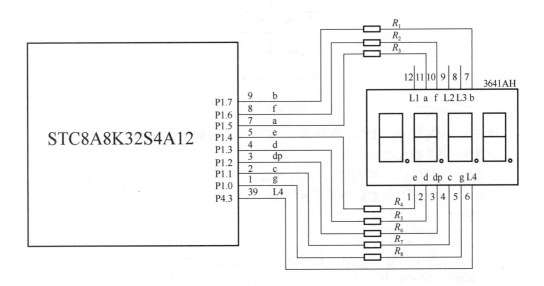

图 3.4 数码管静态显示接口电路

表 3.2　数码管段码

显示字符	共阴极段码	共阳极段码	显示字符	共阴极段码	共阳极段码
0	0xfa	0x05	9	0xeb	0x14
1	0x82	0x7d	A	0xf3	0x0c
2	0xb9	0x46	B	0x5b	0xa4
3	0xab	0x54	C	0x78	0x87
4	0xc3	0x3c	D	0x9b	0x64
5	0x6b	0x94	E	0x79	0x86
6	0x7b	0x84	F	0x71	0x8e
7	0xa2	0x5d	灭	0x00	0xff
8	0xfb	0x04			

4. 编程数码管静态显示

步骤 1：绘制数码管静态显示接口电路图，如图 3.4 所示。

步骤 2：编制程序流程图，如图 3.5 所示。

图 3.5　静态显示数码管流程图

步骤 3：编写程序，使数码管显示 3，编译并输出.hex 文件。

步骤 4：单片机程序下载烧录。

步骤 5：脱机运行，观察实验板运行效果，4 位数码管的第 4 位数码管显示 3。

拓展：修改程序，使数码管显示 6。

参考程序：

```
#include "STC8.h"                //单片机头文件
#define uchar unsigned char     //对数据类型进行声明定义
sbit LSA=P4^4;                  //位选 L1
sbit LSB=P0^0;                  //位选 L2
sbit LSC=P0^1;                  //位选 L3
sbit LSD=P4^3;                  //位选 L4
uchar code smgduan[16]={0xfa,0x82,0xb9,0xab,0xc3,0x6b,0x7b,0xa2,
```

```
                                  0xfb,0xeb,0xf3,0x5b,0x78,0x9b,0x79,0x71};
                                  //共阴数码管显示 0～F 的段码
uchar *p=&smgduan[0];             //定义指针并指向数组第 0 位
void main( )
{
    LSA=1;
    LSB=1;
    LSC=1;
    LSD=0;                        //位选第 4 位数码管
    P1=*(p+3);                    //P1 口输出 3 的段码
    while(1);
}
```

3.1.3 分析动态显示 4 位数码管

1. 数码管动态显示接口电路

4 位共阴数码管的动态显示接口电路如图 3.6 所示。数码管的位选直接由单片机的 P4.4、P0.0、P0.1 和 P4.3 来实现。单片机的 P1 口接限流电阻器后直接驱动数码管的段显示。数码管的段引脚都是共用的，那么，如何让数码管同时显示不同的数字呢？这就用到了动态显示的概念。

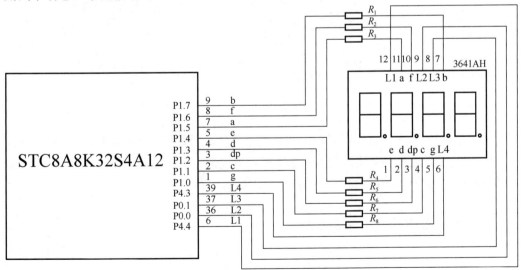

图 3.6 数码管动态显示接口电路

2. 数码管动态显示

4 位数码管显示不同数字，实际上是轮流点亮数码管（某个时间只有一位数码管是亮的），利用人眼的视觉暂留现象（也称余晖效应），使所有数码管看起来都同时亮。这就是动态显示，也称动态扫描。

例如，4 位一体数码管要显示数字 1234。首先，位选中第 1 位数码管，输出 1 的段码，让其显示 1 并延时一定时间；然后，位选中第 2 位数码管，输出 2 的段码，让其显示 2 并延时一定时间；接着，位选中第 3 位数码管，输出 3 的段码，让其显示 3 并延时一定时间；最后，位选中第 4 位数码管，输出 4 的段码，让其显示 4 并延时一定时间。将这个过程以一定的速度循环运行，就可以让 4 位数码管同时显示。由于交替显示速度非常快，人眼识别到的就是 1234 这 4 位数字同时亮。把这一过程写成 C51 语言，如下所示。

```
while(1)
  {
      for(i=0;i<4;i++)          //循环 4 次，每次点亮 1 位数码管
      {
          P1=0x00;             //数码管消隐
          switch(i)            //数码管位选
          {
          case(0):
              LSA=0;LSB=1;LSC=1;LSD=1; break;     //位选第 1 位
          case(1):
              LSA=1;LSB=0;LSC=1;LSD=1; break;     //位选第 2 位
          case(2):
              LSA=1;LSB=1;LSC=0;LSD=1; break;     //位选第 3 位
          case(3):
              LSA=1;LSB=1;LSC=1;LSD=0; break;     //位选第 4 位
          }
          P1=*(p+i);           //输出对应显示位的段码，指针指向存段码的数组
          for(j=0;j<100;j++);           //延时
      }
  }
```

单片机完成一次全部数码管扫描的时间＝单个数码管点亮时间×数码管个数。这个时间不宜过长，过长会导致数码管显示出现闪烁现象；过短需增加扫描次数，导致单片机负荷加大。因此，一般控制在 10ms 左右，做到动态显示无闪烁即可。

3.1.4 编程实现动态显示数码管

微课堂

步骤 1：绘制数码管动态显示接口电路图，如图 3.6 所示。

步骤 2：编制程序流程图，如图 3.7 所示。

步骤 3：编写程序，使数码管显示 0123，编译并输出.hex 文件。

编程实现动态

步骤 4：单片机程序下载烧录。

显示数码管

步骤 5：脱机运行，观察实验板运行效果，4 位一体数码管显示 0123。

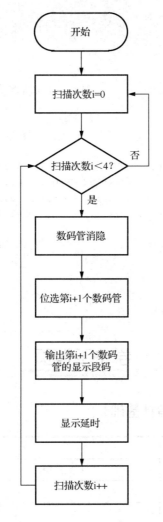

图3.7 动态显示数码管流程图

拓展：修改程序，使数码管显示54A8。

参考程序：

```c
#include "STC8.h"              //单片机头文件
#define uint unsigned int      //对数据类型进行声明定义
#define uchar unsigned char
sbit LSA=P4^4;                 //位选L1
sbit LSB=P0^0;                 //位选L2
sbit LSC=P0^1;                 //位选L3
sbit LSD=P4^3;                 //位选L4
uchar code smgduan[16]={0xfa,0x82,0xb9,0xab,0xc3,0x6b,0x7b,0xa2,
                0xfb,0xeb,0xf3,0x5b,0x78,0x9b,0x79,0x71};
                               //显示0～F的值，共阴段码
uchar *p=&smgduan[0];    //定义指针并指向数组第0位
void main()
```

```
{
    uchar i;
    uint j;
    while(1)
    {
        for(i=0;i<4;i++)        //显示 4 位所以循环 4 次
        {
            P1=0x00;            //消隐
            switch(i)          //位选，选择点亮的数码管
            {
                case(0): LSA=0;LSB=1;LSC=1;LSD=1; break; //位选第 1 位
                case(1): LSA=1;LSB=0;LSC=1;LSD=1; break; //位选第 2 位
                case(2): LSA=1;LSB=1;LSC=0;LSD=1; break; //位选第 3 位
                case(3): LSA=1;LSB=1;LSC=1;LSD=0; break; //位选第 4 位
            }
            P1=*(p+i);                 //发送段码
            for(j=0;j<100;j++);        //延时
        }
    }
}
```

学生工作页

工作 1：回顾数组与指针基础

学生		时间	
语句	功能描述	评价	
int tab[3];			
char smg[]={1,4,9}; A=smg[0]+smg[1];			

int Load=7,Nmb;
int *top=&Load;
Nmb=*top-1;			

char name[3]={1,3,5}; char *pp=&name[2] H=*pp+name[0];			
int pt[4]={1,4,2,9}; int *p=&pt[3]; B=*(p-2)+3;			

工作 2：回顾数码管基础

学生		时间	
问题	作答	评价	
共阳数码管特点			
多位数码管引脚特点			
取段码的根据是什么			
怎样动态扫描无闪烁			

工作 3：编程实现点亮数码管

学生			时间	
编程实现	修改的语句	显示记录	评价	
显示 E				
显示 6d				
显示 915				
显示 2C7F				

任 务 小 结

通过对单片机控制实现数码管显示的学习，认识数码管的结构与分类，了解数码管静态显示和动态显示的原理，能分析数码管静态和动态显示接口电路，能运用数组及指针的知识编程实现数码管的静态和动态显示。

任务 3.2 实现倒计时

任务描述

日常生活工作中，许多场合需要使用倒计时器作为计时工具。本任务以制作 99s 倒计时器为载体，来学习使用单片机定时器编写中断函数。

3-14

● 理解定时器中断原理及相关寄存器设置。

● 能够编写 C51 语言的中断函数。

● 实现数码管 99s 倒计时显示。

3.2.1 使用单片机定时器

STC8 系列单片机内部设置了 5 个 16 位定时计数器，T0、T1、T2、T3 和 T4 定时/计数器均可以独立配置为定时器或计数器。当被配置为定时器时，可选每 12 个时钟或每 1 个时钟得到 1 个计数脉冲，计数值加 1，计满后产生 1 个溢出中断。当被配置为计数器时，单片机的外部引脚（T0 为 P3.4，T1 为 P3.5，T2 为 P1.2，T3 为 P0.4，T4 为 P0.6）每检测到一个脉冲信号，计数值加 1。

1. 定时器的寄存器

（1）定时器计数寄存器

TH0、TL0：当定时器 T0 工作在 16 位模式（模式 0、模式 1、模式 3）时，TH0 和 TL0 组合成为一个 16 位寄存器，TH0 为高字节，TL0 为低字节。若为 8 位模式（模式 2）时，TH0 和 TL0 为两个独立的 8 位寄存器。

TH1、TL1：当定时器 T1 工作在 16 位模式（模式 0、模式 1）时，TH1 和 TL1 组合成为一个 16 位寄存器，TH1 为高字节，TL1 为低字节。若为 8 位模式（模式 2）时，TH1 和 TL1 为两个独立的 8 位寄存器。

T2H、T2L：定时器 T2 工作模式固定为 16 位重载模式，T2H 和 T2L 组合成为一个 16 位寄存器，T2H 为高字节，T2L 为低字节。当[T2H,T2L]中的 16 位计数值溢出时，系统会自动将内部 16 位重载寄存器中的重载值装入[T2H,T2L]中。

T3H、T3L：定时器 T3 工作模式固定为 16 位重载模式。

T4H、T4L：定时器 T4 工作模式固定为 16 位重载模式。

（2）TCON 寄存器

定时器 T0/T1 控制寄存器 TCON，可进行位寻址，见表 3.3。

表 3.3　TCON 寄存器

符号	地址	位地址及符号							
		D7	D6	D5	D4	D3	D2	D1	D0
TCON	0x88	TF1	TR1	TF0	TR0	IE1	IT1	IE0	IT0

TF1：定时器 T1 溢出标志位。T1 被允许计数后，从初值开始加 1 计数。当产生溢出时由硬件将 TF1 置 1，并向 CPU 请求中断，CPU 响应中断后由硬件自动清零，查询方式下用软件清零。

TR1：定时器 T1 运行控制位，该位由软件置位和清零。当 T1_GATE=0，TR1=1 时就允许 T1 开始计数，TR1=0 时禁止 T1 计数。当 T1_GATE=1、TR1=1 且 INT1 输入高电平时，才允许 T1 计数。

TF0：定时器 T0 溢出标志位。T0 被允许计数后，从初值开始加 1 计数。当产生溢出时由硬件将 TF0 置 1，并向 CPU 请求中断，CPU 响应中断后由硬件自动清零，查询方式下用软件清零。

TR0：定时器 T0 运行控制位，该位由软件置位和清零。当 T0_GATE=0、TR0=1 时就允许 T0 开始计数，TR0=0 时禁止 T0 计数。当 T0_GATE=1、TR0=1 且 INT0 输入高电平时，才允许 T0 计数。

IE1：外部中断 1 请求标志。

IT1：外部中断 1 触发方式选择。

IE0：外部中断 0 请求标志。

IT0：外部中断 0 触发方式选择。

（3）TMOD 寄存器

定时器 T0/T1 模式寄存器 TMOD，只能字节寻址，见表 3.4。

表 3.4　TMOD 寄存器

符号	地址	位地址及符号							
		D7	D6	D5	D4	D3	D2	D1	D0
TMOD	0x89	T1_GATE	T1_C/T	T1_M1	T1_M0	T0_GATE	T0_C/T	T0_M1	T0_M0

T1_GATE：置 1 时，只有 INT1 脚为高电平且 TR1=1 才允许定时器 T1 计数。

T1_C/T：控制定时器 T1 用作定时器或计数器。置 1 用作定时器，置 0 用作计数器。

T0_GATE：置 1 时，只有 INT0 脚为高电平且 TR0=1 才允许定时器 T0 计数。

T0_C/T：控制定时器 T0 用作定时器或计数器。置 1 用作定时器，置 0 用作计数器。

T1_M1/T1_M0：定时器 T1 工作模式，见表 3.5。

表 3.5　定时器 T1 工作模式

T1_M1	T1_M0	定时器 T1 工作模式
0	0	16 位自动重载模式，溢出后系统会自动重载 TH1 和 TL1
0	1	16 位不自动重载模式，溢出后定时器 T1 将从 0 开始计数
1	0	8 位自动重载模式，TL1 溢出后会自动将 TH1 值重载至 TL1
1	1	T1 停止工作

T0_M1/T0_M0：定时器 T0 工作模式，见表 3.6。

表 3.6　定时器 T0 工作模式

T0_M1	T0_M0	定时器 T0 工作模式
0	0	16 位自动重载模式，溢出后系统会自动重载 TH0 和 TL0
0	1	16 位不自动重载模式，溢出后定时器 T0 将从 0 开始计数
1	0	8 位自动重载模式，TL0 溢出后会自动将 TH0 值重载至 TL0
1	1	16 位自动重载模式，与模式 0 相同，产生不可屏蔽中断

（4）AUXR 寄存器

辅助寄存器 AUXR，见表 3.7。

表 3.7　AUXR 寄存器

符号	地址	位地址及符号							
		D7	D6	D5	D4	D3	D2	D1	D0
AUXR	0x8E	T0x12	T1x12	UART_M0x6	T2R	T2_C/T	T2x12	EXTRAM	SIST2

T0x12：定时器 T0 速度控制位。

　0：12T 模式，即 CPU 时钟 12 分频（FOSC/12）。

　1：1T 模式，即 CPU 时钟不分频（FOSC/1）。

T1x12：定时器 T1 速度控制位。

　0：12T 模式，即 CPU 时钟 12 分频（FOSC/12）。

　1：1T 模式，即 CPU 时钟不分频（FOSC/1）。

T2R：定时器 T2 运行控制位。

　0：定时器 T2 停止计数。

　1：定时器 T2 开始计数。

T2_C/T：控制定时器 T2 用作定时器或计数器。置 1 用作定时器，置 0 用作计数器。

T2x12：定时器 T2 速度控制位。

　0：12T 模式，即 CPU 时钟 12 分频（FOSC/12）。

　1：1T 模式，即 CPU 时钟不分频（FOSC/1）。

EXTRAM：扩展 RAM 访问控制。

　0：访问内部扩展 RAM。

　1：访问外部扩展 RAM，内部扩展 RAM 被禁用。

S1ST2：串口 1 波特率发射器选择位。

　0：选择定时器 1 作为波特率发射器。

　1：选择定时器 2 作为波特率发射器。

（5）INTCLKO 寄存器

中断与时钟输出寄存器 INTCLKO，见表 3.8。

表 3.8　INTCLKO 寄存器

符号	地址	位地址及符号							
		D7	D6	D5	D4	D3	D2	D1	D0
INTCLKO	0x8F	–	EX4	EX3	EX2	–	T2CLKO	T1CLKO	T0CLKO

T0CLKO：定时器 T0 时钟输出控制。

　0：关闭时钟输出。

　1：使能定时器 T0 时钟输出，定时器溢出时 P3.5 口的电平自动发生翻转。

T1CLKO：定时器 T1 时钟输出控制。

0：关闭时钟输出。

1：使能定时器 T1 时钟输出，定时器溢出时 P3.4 口的电平自动发生翻转。

T2CLKO：定时器 T2 时钟输出控制。

0：关闭时钟输出。

1：使能定时器 T2 时钟输出，定时器溢出时 P1.3 口的电平自动发生翻转。

（6）T4T3M 寄存器

定时器 T4/T3 控制寄存器 T4T3M，可进行位寻址，见表 3.9。

表 3.9　T4T3M 寄存器

符号	地址	位地址及符号							
		D7	D6	D5	D4	D3	D2	D1	D0
T4T3M	0xD1	T4R	T4_C/T	T4x12	T4CLKO	T3R	T3_C/T	T3x12	T3CLKO

T4R：定时器 T4 运行控制位。

0：定时器 T4 停止计数。

1：定时器 T4 开始计数。

T4_C/T：控制定时器 4 用作定时器或计数器。置 1 用作定时器，置 0 用作计数器。

T4x12：定时器 T4 速度控制位。

0：12T 模式，即 CPU 时钟 12 分频（FOSC/12）。

1：1T 模式，即 CPU 时钟不分频（FOSC/1）。

T4CLKO：定时器 T4 时钟输出控制。

0：关闭时钟输出。

1：使能定时器 T4 时钟输出，定时器溢出时 P0.7 口的电平自动发生翻转。

T3R：定时器 T3 运行控制位。

0：定时器 T3 停止计数。

1：定时器 T3 开始计数。

T3_C/T：控制定时器 T3 用作定时器或计数器。置 1 用作定时器，置 0 用作计数器。

T3x12：定时器 T3 速度控制位。

0：12T 模式，即 CPU 时钟 12 分频（FOSC/12）。

1：1T 模式，即 CPU 时钟不分频（FOSC/1）。

T3CLKO：定时器 T3 时钟输出控制。

0：关闭时钟输出。

1：使能定时器 T3 时钟输出，定时器溢出时 P0.5 口的电平自动发生翻转。

2．定时器的使用

定时器的定时功能是根据基准时钟产生确定长度的时间信号，定时器使用的步骤一般如下。

① 设置控制寄存器，确定定时器工作模式。

② 配置计数寄存器初值。

③ 开放定时器中断。

④ 启动定时器。

⑤ 根据定时器溢出信号编写程序，需注意是否需要重新初始化初值。

计数寄存器初值计算方法如下。

STC8 系列单片机是单时钟/机器周期（1T）的单片机，即一个时钟周期就是一个机器周期。设时钟源是 24MHz，需要定时 2ms，即 0.002s。

初值=65536-0.002×24000000=17536，转换成十六进制就是 0x4480，则计数寄存器高字节为 0x44，低字节为 0x80。

STC8 系列单片机默认的定时器速度是 CPU 系统时钟 12 分频。

初值=65536-0.002×24000000/12=61536，转换成十六进制就是 0xF060，计数寄存器高字节为 0xF0，低字节为 0x60。

例如，时钟源频率为 24MHz，选择定时器 T0 定时功能，工作模式 1，外接 LED 在 P0.6 口上，要求以 0.5Hz 的频率进行闪烁。参考程序代码如下。

微课堂

中断函数演示

```c
#include "STC8.h"              //单片机头文件
sbit LED = P0^6;               //实验板上绿色 LED 以 0.5Hz 闪烁
void main()
{
    unsigned char count=0;     //定义计数变量,记录 T0 溢出次数
    P0=0x43;                   //交通灯初始化
    TMOD=0x01;                 //设置 T0 为工作模式 1
    TH0=0xD8;                  //给定时器赋初值 0xD8F0, 定时 5ms
    TL0=0xF0;
    TR0=1;                     //启动 T0
    while(1)
    {
        if(TF0==1)             //判断 T0 是否溢出
        {
            TF0=0;             //T0 溢出后, 溢出标志位清零
            TH0=0xD8;          //给定时器重新赋初值
            TL0=0xF0;
            count++;           //计数值自加 1
            if(count>=100)     //定时达到 500ms
            {
                count=0;       //达到 100 次后计数值清零
                LED=~LED;      //LED 取反
            }
        }
    }
}
```

本程序实现的结果是实验板上绿色 LED 以 0.5Hz 的频率进行闪烁。

3.2.2　编写中断函数

中断就是打断正在进行的工作，转而去做另一件紧急的事，待处理完急事后，再回到原来被打断的地方，继续之前的工作。如学生在家做作业，此时听到手机铃声响起，学生暂停做作业去接电话，接完电话后继续做作业，这个过程称为中断。

1. 单片机中断的概念

（1）中断

单片机 CPU 在执行当前程序的过程中，由于 CPU 之外的某种原因，暂停该程序的执行，转去执行相应的程序（称中断子程序），执行完毕后返回原程序断点处继续执行。

（2）中断源

引起中断的信号来源。STC8A8K 系列单片机共提供了 22 个中断源，见表 3.10。

（3）中断优先级

在使用中断系统时，可设置中断源的优先执行权。STC8 系列单片机的优先级为：最高优先级 3，较高优先级 2，较低优先级 1 和最低优先级 0。当有多个中断源同时请求中断时，CPU 先执行高级别中断，再执行低级别中断。若有多个同一优先级的中断源同时请求中断时，则单片机按中断号（从小到大）自然优先级排列。

（4）中断嵌套

当 CPU 响应某一中断，在执行中断子程序时，如有更高级中断发生，则 CPU 暂停执行当前中断，转而先处理更高级中断，更高级中断执行完毕后返回暂停中断继续执行。

表 3.10　STC8A8K 系列单片机中断源

中断源	中断号	优先级设置	优先级	中断请求位	中断允许位
INIT0	0	PX0,PX0H	0/1/2/3	IE0	EX0
Timer0	1	PT0,PT0H	0/1/2/3	TF0	ET0
INIT1	2	PX1,PX1H	0/1/2/3	IE1	EX1
Timer1	3	PT1,PT1H	0/1/2/3	TF1	ET1
UART1	4	PS,PSH	0/1/2/3	RI‖TI	ES
ADC	5	PADC,PADCH	0/1/2/3	ADC_FLAG	EADC
LVD	6	PLCD,PLVDH	0/1/2/3	LVDF	ELVD
PCA	7	PPCA,PPCAH	0/1/2/3	CF	ECF
				CCF0	ECCF0
				CCF1	ECCF1
				CCF2	ECCF2
				CCF3	ECCF3

续表

中断源	中断号	优先级设置	优先级	中断请求位	中断允许位
UART2	8	PS2,PS2H	0/1/2/3	S2RI‖S2TI	ES2
SPI	9	PSPI,PSPIH	0/1/2/3	SPIF	ESPI
INT2	10	–	0	INT2IF	EX2
INT3	11	–	0	INT3IF	EX3
Timer2	12	–	0	T2IF	ET2
INT4	16	PX4,PX4H	0/1/2/3	INT4IF	EX4
UART3	17	–	0	S3RI‖S3TI	ES3
UART4	18	–	0	S4RI‖S4TI	ES4
Timer3	19	–	0	T3IF	ET3
Timer4	20	–	0	T4IF	ET4
CMP	21	PCMP,PCMPH	0/1/2/3	CMPIF	PIE|NIE
PWM	22	PPWM,PPWMH	0/1/2/3	CBIF	ECBI
				C0IF	EC0I&&EC0T1SI
					EC0I&&EC0T2SI
				C1IF	EC1I&&EC1T1SI
					EC1I&&EC1T2SI
				C2IF	EC2I&&EC2T1SI
					EC2I&&EC2T2SI
				C3IF	EC3I&&EC3T1SI
					EC3I&&EC3T2SI
				C4IF	EC4I&&EC4T1SI
					EC4I&&EC4T2SI
				C5IF	EC5I&&EC5T1SI
					EC5I&&EC5T2SI
				C6IF	EC6I&&EC6T1SI
					EC6I&&EC6T2SI
				C7IF	EC7I&&EC7T1SI
					EC7I&&EC7T2SI
PWMFD	23	PPWMFD,PPWMFDH	0/1/2/3	FDIF	EFDI
I2C	24	PI2C,PI2CH	0/1/2/3	MSIF	EMSI
				STAIF	ESTAI
				RXIF	ERXI
				TXIF	ETXI
				STOIF	ESTOI

2. 编写中断函数

C51 语言的中断函数需要使用关键字 interrupt 来进行定义，中断函数定义的标准结构如下。

```
void  中断函数名(void) interrupt 中断号 using 工作寄存器组
{
    中断函数运行代码；
}
```

单片机的 C51 中断函数将由编译器自动完成这些功能。

将程序执行相关的寄存器内容保存到堆栈中，如果没有使用 using 关键字来分配工作寄存器组，则自动把中断函数中使用的工作寄存器组保存到堆栈中。

中断函数执行完毕，会恢复堆栈中保存相关寄存器的内容，能生成中断返回指令，回到中断前执行的程序中。

STC8A8K 系列单片机的中断请求源较多，本任务以编写定时器中断函数作为重点进行讲解。先找出定时器中断相关寄存器，再编写定时器中断函数。

（1）IE 寄存器

中断使能寄存器 IE，可进行位寻址，见表 3.11。

表 3.11　IE 寄存器

符号	地址	位地址及符号							
		D7	D6	D5	D4	D3	D2	D1	D0
IE	0xA8	EA	ELVD	EADC	ES	ET1	EX1	ET0	EX0

EA：总中断允许控制位。所有的中断源允许都受 EA 控制。

　0：CPU 屏蔽所有的中断申请。

　1：CPU 开放中断。

ELVD：低压检测中断允许位。

　0：禁止低压检测中断。

　1：允许低压检测中断。

EADC：AD 转换中断允许位。

　0：禁止 AD 转换中断。

　1：允许 AD 转换中断。

ES：串口 1 中断允许位。

　0：禁止串口 1 中断。

　1：允许串口 1 中断。

ET1：定时计数器 T1 的溢出中断允许位。

　0：禁止 T1 中断。

　1：允许 T1 中断。

EX1：外部中断 1 中断允许位。

　0：禁止 INT1 中断。

1：允许 INT1 中断。

ET0：定时计数器 T0 的溢出中断允许位。

  0：禁止 T0 中断。

  1：允许 T0 中断。

EX0：外部中断 0 中断允许位。

  0：禁止 INT0 中断。

  1：允许 INT0 中断。

（2）IE2 寄存器

中断使能寄存器 IE2，可进行位寻址，见表 3.12。

表 3.12　IE2 寄存器

符号	地址	位地址及符号							
		D7	D6	D5	D4	D3	D2	D1	D0
IE2	0xAF	–	ET4	ET3	ES4	ES3	ET2	ESPI	ES2

ET4：定时计数器 T4 的溢出中断允许位。

  0：禁止 T4 中断。

  1：允许 T4 中断。

ET3：定时计数器 T3 的溢出中断允许位。

  0：禁止 T3 中断。

  1：允许 T3 中断。

ET2：定时计数器 T2 的溢出中断允许位。

  0：禁止 T2 中断。

  1：允许 T2 中断。

（3）TCON 寄存器

定时器控制寄存器 TCON，可进行位寻址，见表 3.13。

表 3.13　TCON 寄存器

符号	地址	位地址及符号							
		D7	D6	D5	D4	D3	D2	D1	D0
TCON	0x88	TF1	TR1	TF0	TR0	IE1	IT1	IE0	IT0

TF1：定时器 T1 溢出标志位。T1 被允许计数后，从初值开始加 1 计数。当产生溢出时由硬件将 TF1 置 1，并向 CPU 请求中断，CPU 响应中断后由硬件自动清零，查询方式下用软件清零。

TF0：定时器 T0 溢出标志位。T0 被允许计数后，从初值开始加 1 计数。当产生溢出时由硬件将 TF0 置 1，并向 CPU 请求中断，CPU 响应中断后由硬件自动清零，查询方式下用软件清零。

（4）IP 寄存器和 IPH 寄存器

中断优先级寄存器 IP 和 IPH，见表 3.14 和表 3.15。

表 3.14　IP 寄存器

符号	地址	位地址及符号							
		D7	D6	D5	D4	D3	D2	D1	D0
IP	0xB8	PPCA	PLVD	PADC	PS	PT1	PX1	PT0	PX0

表 3.15　IPH 寄存器

符号	地址	位地址及符号							
		D7	D6	D5	D4	D3	D2	D1	D0
IPH	0xB7	PPCAH	PLVDH	PADCH	PSH	PT1H	PX1H	PT0H	PX0H

　　PT0，PT0H：定时器 T0 中断优先级控制位。

　　00：定时器 T0 中断优先级为 0 级（最低级）。

　　01：定时器 T0 中断优先级为 1 级（较低级）。

　　10：定时器 T0 中断优先级为 2 级（较高级）。

　　11：定时器 T0 中断优先级为 3 级（最高级）。

　　PT1，PT1H：定时器 T1 中断优先级控制位。

　　00：定时器 T1 中断优先级为 0 级（最低级）。

　　01：定时器 T1 中断优先级为 1 级（较低级）。

　　10：定时器 T1 中断优先级为 2 级（较高级）。

　　11：定时器 T1 中断优先级为 3 级（最高级）。

　　运用以上定时器中断相关寄存器知识，思考下列程序：

```
#include "STC8.h"            //单片机头文件
sbit LED = P0^6;             //IO 口定义，绿色 LED
unsigned int count=0;
void main()
{
    P0=0x43;                 //交通灯初始化,点亮 LED
    TMOD=0x10;               //设置 T1 为工作模式 1
    TH1=0xD8;                //给定时器赋初值 0xD8F0,定时 5ms
    TL1=0xF0;
    ET1=1;                   //打开定时器 1 中断允许
    EA=1;                    //打开总中断
    TR1=1;                   //打开定时器
    while(1)
    {
        if(count>=10)        //10s 到了
        {
            TR1=0;           //关闭定时器
            LED=0;           //熄灭 LED
            ET1=0;           //关闭定时器 1 中断允许
```

```
            EA=0;                  //关闭总中断
        }
    }
}
void Timer1( ) interrupt 3  //定义一个函数名为Timer1的定时器中断函数
{
    unsigned int k;
    TH1=0xD8;                  //给定时器赋初值0xD8F0，定时5ms
    TL1=0xF0;
    k++;
    if(k==200)                 //定时达到1s
    {
        k=0;
        count++;               //秒累计值
    }
}
```

上述程序的功能是：通电后绿色 LED 点亮，定时器 T1 计时 10s 后 LED 熄灭。

编程实现 99s 倒计时

3.2.3　编程实现 99s 倒计时

步骤 1：绘制 99s 倒计时电路图，如图 3.8 所示。

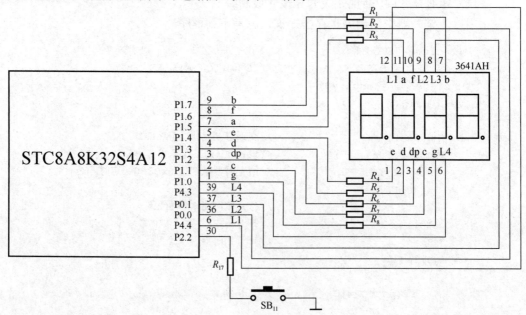

图 3.8　99s 倒计时电路图

步骤 2：编制程序流程图，如图 3.9 所示。

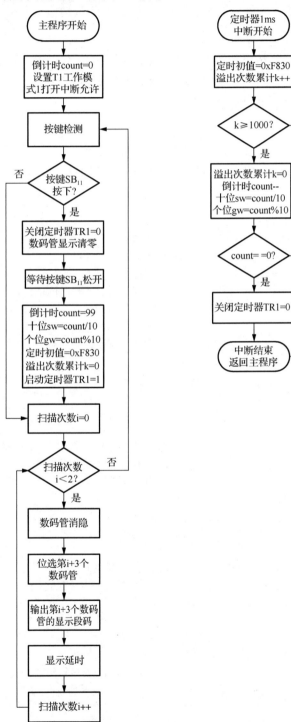

图 3.9 99s 倒计时流程图

步骤 3：编写程序，实现由按键启动的 99s 倒计时，编译并输出 .hex 文件。

步骤 4：单片机程序下载烧录。

步骤 5：脱机运行，观察实验板运行效果。

上电数码管显示 0，按下按键 SB₁₁ 后，倒计时开始工作，从 99 开始每秒减 1 并实时显示，减到 0 后停止工作。再按下按键 SB₁₁ 可重新开始倒计时。

拓展：修改程序，实现 15s 倒计时。

参考程序如下。

```c
#include "STC8.h"            //单片机头文件
#define uint unsigned int    //对数据类型进行声明定义
#define uchar unsigned char

sbit LSA=P4^4;              //位选 L1
sbit LSB=P0^0;              //位选 L2
sbit LSC=P0^1;              //位选 L3
sbit LSD=P4^3;              //位选 L4
sbit key11=P2^2;            //按键 11 用作倒计时启动
uchar code smgduan[17]={0xfa,0x82,0xb9,0xab,0xc3,0x6b,0x7b,0xa2,
                0xfb,0xeb,0xf3,0x5b,0x78,0x9b,0x79,0x71,0x00};
                           //显示 0～F 的值，共阴段码，最后一个灭
uchar sw=0;gw=0;count;
uint j,k;
void main()
{
uchar i;
    TMOD=0x10;             //设置定时器 1 为定时器工作模式 1
    ET1=1;                //打开定时器 1 中断允许
    EA=1;                 //打开总中断
    while(1)
    {
        if(key11==0)       //按键按下检测
        {
            for(j=60000;j;j--);  //按键延时消抖
            if(key11==0)         //再次检测按键是否已按下
            {
                TR1=0;           //关闭定时器
                P1=smgduan[0];   //数码管显示清零
                while(!key11);   //等待按键松开
                count=99;        //给倒计时赋初值 99
                sw=count/10;     //十位显示数字
                gw=count%10;     //个位显示数字
                TH1=0xF8;        //给定时器赋初值 0xF830，定时 1ms
                TL1=0x30;
```

```
        k=0;                    //1ms 溢出次数累计清零
        TR1=1;                  //打开定时器
    }
}
for(i=0;i<2;i++)                //数码管动态扫描程序
{
    P1=0x00;                    //消隐
    switch(i)                   //位选控制
    {
        case(0):
            LSA=1;LSB=1;LSC=0;LSD=1;
            if(sw==0)           //输出第 3 位显示段码
                P1=smgduan[16];
            else
                P1=smgduan[sw];
            break;
        case(1):
            LSA=1;LSB=1;LSC=1;LSD=0;
            P1=smgduan[gw]; break;       //输出第 4 位显示段码
    }
    for(j=0;j<100;j++);                      //动态扫描延时
    }
}
}
void Timer1() interrupt 3       //定时器 1 中断函数
{
    TH1=0xF8;                               //给定时器赋初值 0xF830，定时 1ms
    TL1=0x30;
    k++;                                    //对 1ms 溢出次数累计
    if(k >=1000)                            //定时达到 1s
    {
        k=0;                                //1ms 溢出次数累计清零
        count--;                            //倒计时计数值减 1
        sw=count/10;                        //十位显示数字
        gw=count%10;                        //个位显示数字
        if(count==0)                        //关闭倒计时
        {
            TR1=0;                          //关闭定时器
        }
    }
}
```

学生工作页

工作1：编程实现定时

学生			时间
编程实现	修改的语句	显示记录	评价
应用 T0 定时 10ms			
应用 T1 定时 5ms			

工作2：编程实现中断

学生			时间
编程实现	修改的语句	显示记录	评价
T0 中断点亮绿色 LED			
INT1 中断点亮红色 LED			

工作3：编程实现数码管倒计时

学生			时间
编程实现	修改的语句	显示记录	评价
9s 倒计时			
35s 倒计时			
100s 倒计时			

任 务 小 结

通过对定时器、中断相关知识的学习，初步认识单片机定时器及中断功能。能进行定时器相关寄存器设置，会计算定时器初值，理解中断相关寄存器和定义。达到应用单片机定时器和中断功能完成99s倒计时编程。

任务 3.3　控制智能交通灯

 任务描述

当前全社会倡导节能减排，绿色低碳，智能交通灯应用成为城市发展节能环保的必然趋势。本任务介绍 C51 语言的函数及函数的调用，从认识 ADC 概念及参数指标入手，学习单片机内置 ADC 模块的使用，运用 ADC 模块及光控电路，实现交通灯显示亮度的自动调节，来达到节能的目的。

 任务目标

- 熟悉 C51 语言函数及函数的调用，了解形式参数与实际参数。
- 理解 ADC 的概念及性能指标，会使用单片机内置 ADC 模块。
- 会分析交通灯电路及编程，实现对交通灯的控制。

3.3.1　函数及函数的调用

C51 语言的函数从结构上可分为主函数 main() 和普通函数。主函数是在程序运行时首先运行的函数，它可以调用普通函数；普通函数也可以调用其他普通函数，但不能调用主函数。

函数按照定义形式可以分为无参数函数和有参数函数。无参数函数是为了完成某种功能而编写的，没有输入变量也没有返回值，可以使用全局变量或其他方式完成参数的传递。在调用有参数函数时必须按照形式参数提供实际参数，并且提供可能的返回值。

1. 函数的定义

函数定义的一般形式如下。

函数值类型　函数名（形式参数列表）
{
　　函数体
}

1）函数值类型。函数值类型即函数返回值的类型。

2）函数名。函数名可以由任意的字母、数字和下划线组成，但数字不能放在开头。函数名不能和其他的函数或变量重名，也不能是关键字。例如，int 就是关键字，是程序中具备特殊功能的标志符，不能作为函数名。

3）形式参数列表。形式参数列表也叫作形参列表，在函数调用时起相互传递数据的作用。有的函数不需要传递参数给它，可用 void 来代替，也可省略 void，但不能省略()。

4）函数体。函数体包含了声明语句部分和执行语句部分，声明语句部分是用户声明函数内部使用的变量；执行语句部分是函数需要执行的语句。特别注意的是，声明语句部分必须放在执行语句部分之前，否则编译时会报错。

无参函数的定义：

```
void Sum( )              //Sum 是函数名
{
    int i;               //声明语句,声明了一个变量 i
    i++;                 //函数体
}
```

有参函数（无返回值）定义：

```
void sum1(unsigned char k)  //Sum1 是函数名，形参是 k
{
    int k;                   //声明语句,声明了一个变量 k
    k++;                     //函数体
}
```

有参函数（有返回值）定义：

```
int sum_2(unsigned int A,unsigned int B )  //返回值类型 int
{
    int Y;                   //声明语句,声明了一个变量 Y
    Y=A+B;                   //函数体
    return Y;                //函数返回值
}
```

2. 函数的参数

C 语言采用函数之间的参数传递方式，有参函数被调用时，同时传递了多个变量（参数），大大提高了函数的通用性和移植灵活性。

（1）形式参数和实际参数

形式参数：函数定义时，在函数名后面()里的参数叫作形式参数，简称形参。

实际参数：在函数调用时，主调用函数名后面()里的参数叫作实际参数，简称实参。

```
unsigned char add(unsigned char x,unsigned char y) //x 和 y 是形式参数
{
    unsigned char z=0;
    z=x+y;
    return z;                //返回值 z
}
void main ( )
{
    unsigned char a=2;
```

```
    unsigned char b=3;
    unsigned char c=0;
    c=add(a,b);          //调用 add 函数时 a 和 b 就是实际参数
    while(1);
}
```

在上例中，主函数 main 和被调用函数 add 之间的数据通过实参和形参发生了传递关系，函数 add 执行结束后把返回值传递给了变量 c。函数只要不是 void 类型，都会有返回值，返回值类型就是函数的类型。关于形参和实参还有以下几点需要注意。

1）函数定义中指定的形参，在未调用函数时不占内存，只有在被调用时才被分配内存。调用结束后，形参所占用内存会自动释放。

2）调用函数时，实参可以是常量，也可以是简单或复杂的表达式，但要求必须有确定的值，在调用发生时将实参的值传递给形参。例如，上例程序中的 c=add(a,b)可写成 c=add(2,b+0)。

3）形参必须指定数据类型，形参就是局部变量。

4）实参和形参的数据类型应该相同或赋值兼容，当数据类型不同时，按照不同类型数值的赋值规则进行转换。

5）实参向形参传递数据是单向传递，不能由形参再回传给实参。

（2）函数的返回值

函数的返回值只能通过 return 语句实现，一个函数中可以使用多个 return 语句，但最终只能有一个返回值。返回值数据类型一般在定义函数时用函数值类型指定，如 unsigned char add(unsigned char x）指定了返回值数据类型是无符号字符型。

函数只执行操作不需要返回值时称为无类型，函数值类型用 void 标识，通常 void 不能省略，否则 Keil 软件编译时会出现警告。

3. 函数的调用

在一个程序的编写过程中，如果把所有的语句都写到 main 函数中，则程序会显得比较冗长、层次不明；另外，当同一个函数功能需要在不同地方执行时，就得再重复写一遍相同的语句。如果把这些语句单独写成一个函数，需要时进行函数调用，既可以使程序结构清晰有条理，又可避免代码重复。

函数调用的一般形式为：函数名（实际参数列表）。

如果调用有参型函数，若包含多个实参，则应将各参数之间用,隔开。主调用函数的实参与被调用函数的形参个数必须相等。

如果调用无参函数，实参可以省略，但应保留一对空()。

```
void delay( )                      //无参数延时子函数定义
{
    unsigned int j=100;
    while(j--);
}
unsigned int add5(unsigned int i)  //有参数有返回值的加 5 函数定义
```

```
{
    unsigned int z=0;
    z=i+5;
    return z;                          //返回值 z 的类型就是函数 add5 的类型
}
void main ()
{
    unsigned int a=2;
    unsigned int b=0;
    delay ();                 //调用延时函数(无参)
    b=add5(a);                //调用 add5 子函数，传递实参 a，函数返回值赋给 b
    while(1);
}
```

3.3.2　分析交通灯电路

1.　交通灯电路

图 3.10 所示为交通灯控制电路，由数码管显示电路、交通灯电路和光控电路 3 部分组成。

（1）数码管显示电路

数码管显示电路用于交通灯倒计时动态显示，东西方向倒计时用第 1 位数码管显示，南北方向倒计时用第 4 位数码管显示。数码管的位选直接由单片机的 P4.4 和 P4.3 来实现。单片机的 P1 口通过限流电阻器驱动数码管的段显示。

（2）交通灯电路

交通灯电路由 4 只 LED 组成。LED_1 和 LED_3 显示东和西方向信号灯，LED_2 和 LED_4 显示北和南方向信号灯。每只 LED 内部有红、绿、蓝 3 种颜色可单独控制，调节各颜色亮度可使 LED 显示不同的颜色。单片机 P0 口 6 只引脚接限流电阻器后直接驱动 LED 显示，东和西方向 LED 控制共用单片机引脚，南北方向亦是如此。

（3）光控电路

光控电路由光敏电阻器 RL 和电阻器 R_{19} 组成。光线增强，光敏电阻器阻值减小；光线减弱，光敏电阻器阻值增大。A 点电压由光敏电阻器 RL 和电阻器 R_{19} 分压而来，光线越强，A 点电压越低；光线越弱，A 点电压越高。利用单片机内置的 ADC 模块对 A 点电压进行采集，即可知道光线变化情况。

2.　ADC 概念及性能指标

生活中接触到的许多物理量都是模拟信号，如压力、速度、温度、湿度等，这些模拟信号可以通过传感器变成与之对应的电压、电流等电信号。单片机是一个典型的数字系统，只能对数字信号进行处理，故须将模拟信号转换为数字信号，即采用模数转换器（ADC）。

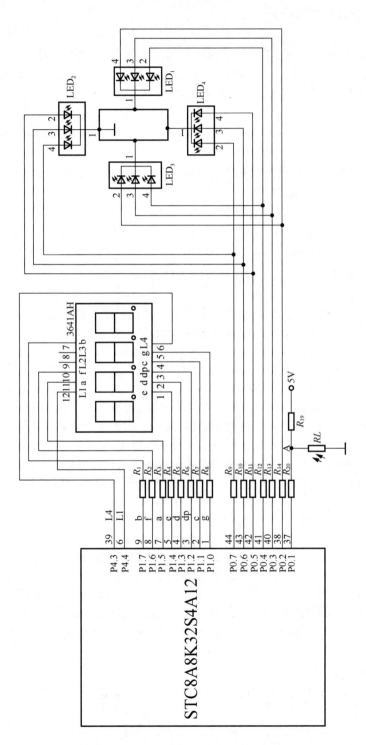

图 3.10　交通灯控制电路

ADC 主要有以下几个参数指标。

（1）分辨率

ADC 分辨率表示 AD 转换器对输入模拟信号的分辨能力，一般用转换后输出二进制数的位数来表示。例如，n 位输出的 AD 转换器能区分 2^n 个不同等级的输入模拟电压；8 位 ADC 能对 0～5V 模拟电压转换成 0～255 数字量。

（2）转换时间

ADC 从启动转换到转换结束、输出稳定的数字值所需要的时间，就是 ADC 的转换时间。

根据转换时间 ADC 可分为如下几类：

低速 ADC。转换时间从几毫秒到几十毫秒不等，一般适用于对温度、压力、流量等缓变参量进行检测和控制，如积分型 ADC。

中速 ADC。转换时间从几微秒到 100 微秒左右，常用于工业多通道单片机控制系统和声频数字转换系统等，如逐次比较型 ADC，单片机内部 ADC 模块大多属于这一类型。

高速 ADC。转换时间仅 20～100ns，适用于雷达、数字通信、实时光谱分析、实时瞬态记录、视频数字转换系统等，如电压转移函数型 ADC。

（3）基准源

基准源也称基准电压，是 ADC 应用的一个重要指标。ADC 转换的输入电压必须在 0 到基准电压之间，对基准电压的 AD 转换值输出为最大值。

ADC 其他的参数指标还有转换误差、温度系数、漂移等。

3. 单片机内置 ADC 模块

STC8 系列单片机内部集成了一个 12 位 15 通道的高速 A/D 转换器（第 16 通道只能用于内部 REFV 参考电压，REFV 的电压值为 1.344V，由于制造误差，实际电压值可能在 1.34～1.35V）。ADC 的时钟频率为系统频率 2 分频，经过用户设置的分频系数进行再次分频（ADC 的时钟频率范围为 SYSclk/2/1～SYSclk/2/16）。16 个 ADC 时钟可完成一次 AD 转换，ADC 的速度最快可达每秒 80 万次模数转换。ADC 使用时需设置相关寄存器。

1）ADC 控制寄存器 ADC_CONTR，见表 3.16。

表 3.16　ADC_CONTR 寄存器

符号	地址	位地址及符号							
		D7	D6	D5	D4	D3	D2	D1	D0
ADC_CONTR	0xBC	ADC_POWER	ADC_START	ADC_FLAG	–	ADC_CHS[3:0]			

ADC_POWER：ADC 电源控制位。建议进入空闲和掉电模式前关闭，以降低功耗。

　0：关闭 ADC 电源。

　1：打开 ADC 电源。

ADC_START：ADC 转换启动控制位。转换完成后硬件自动将此位清零。

　0：无影响。如果 ADC 已经启动，给 0 也不会停止。

　1：开始 ADC 转换，转换完成后硬件自动将此位清零。

ADC_FLAG：ADC 转换完成标志位。当 ADC 完成一次转换后，硬件会自动置 1，并向 CPU 提出中断请求。此标志位必须由软件清零。

ADC_CHS[3:0]：ADC 模拟通道选择位，见表 3.17。

表 3.17 ADC 模拟通道选择

ADC_CHS[3:0]	ADC 通道	ADC_CHS[3:0]	ADC 通道
0000	P1.0	1000	P0.0
0001	P1.1	1001	P0.1
0010	P1.2	1010	P0.2
0011	P1.3	1011	P0.3
0100	P1.4	1100	P0.4
0101	P1.5	1101	P0.5
0110	P1.6	1110	P0.6
0111	P1.7	1111	测内部 REFV 电压

2）ADC 转换结果寄存器。

当 AD 转换完成后，12 位的转换结果会自动保存到 ADC_RES 和 ADC_RESL 中。保存结果的数据格式请参考 ADCCFG 寄存器中的 RESFMT 设置。

3）ADC 配置寄存器 ADCCFG，见表 3.18。

表 3.18 ADCCFG 寄存器

符号	地址	位地址及符号							
		D7	D6	D5	D4	D3	D2	D1	D0
ADCCFG	0xDE	–	–	RESFMT	–	SPEED[3:0]			

RESFMT：ADC 转换结果格式控制位。

0：转换结果左对齐。ADC_RES 保存结果的高 8 位，ADC_RESL 保存结果的低 4 位，格式如图 3.11 所示。

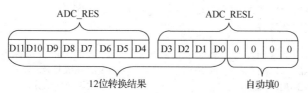

图 3.11 RESFMT=0 时 ADC 转换结果格式

1：转换结果右对齐。ADC_RES 保存结果的高 4 位，ADC_RESL 保存结果的低 8 位，格式如图 3.12 所示。

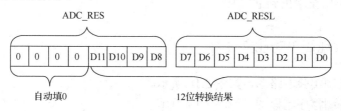

图 3.12 RESFMT=1 时 ADC 转换结果格式

SPEED[3:0]：ADC 时钟控制，见表 3.19。

表 3.19　ADC 时钟控制

SPEED[3:0]	ADC 转换时间（CPU 时钟数）	SPEED[3:0]	ADC 转换时间（CPU 时钟数）
0000	32	1000	288
0001	64	1001	320
0010	96	1010	352
0011	128	1011	384
0100	160	1100	416
0101	192	1101	448
0110	224	1110	480
0111	256	1111	512

设置完成 STC8 系列单片机内部 ADC 相关寄存器后，即可启动单片机内置 ADC，检测交通灯控制电路中 A 点的电压，参考代码程序如下（查询方式）。

```
#include "STC8.h"              //单片机头文件
#include "intrins.h"
void main()
 {
    P0M0=0x00;                 //配置 P0.1 口为 ADC 口
    P0M1=0x02;                 //配置 P0.1 口为 ADC 口
    ADCCFG=0x00;               //配置 ADC 时钟
    ADC_CONTR=0x89;            //使能 ADC 模块
    while(1)
     {
        ADC_CONTR|=0x40;       //启动 AD 转换
        _nop_();
        _nop_();
        while(!(ADC_CONTR&0x20));  //查询 ADC 完成标志
        ADC_CONTR&=~0x20;      //清完成标志
        P2=ADC_RES;            //读取 AD 结果
     }
 }
```

本程序实现的结果是将 P0.1 配置成 ADC，将 P0.1 连接的外部模拟电压信号转换成数字信号，并将结果输出到 P2 口。

3.3.3　编程实现简单功能交通灯

步骤 1：绘制实验电路图，如图 3.10 所示。
步骤 2：编制程序流程图，如图 3.13 所示。

微课堂

编程实现简单
功能交通灯

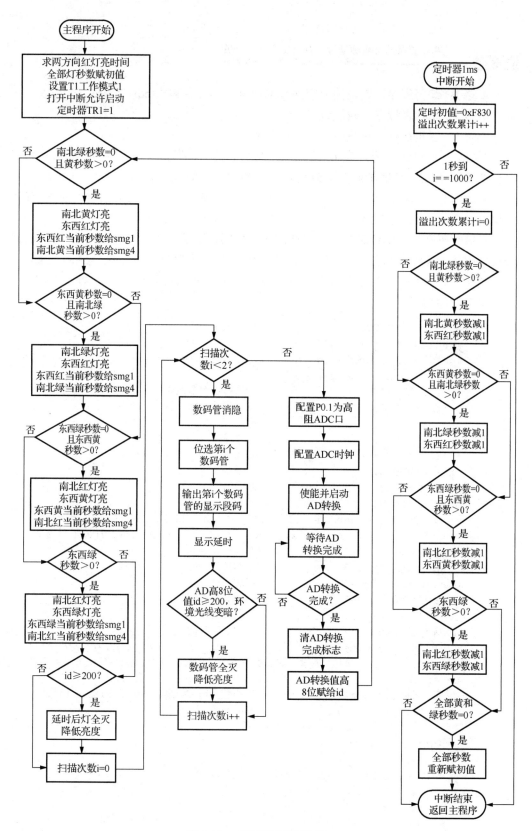

图 3.13　交通灯程序流程图

步骤 3：编写程序，实现简单交通灯的控制，编译并输出.hex 文件。

步骤 4：单片机程序下载烧录。

步骤 5：脱机运行，观察实验板运行效果。

开机后，东西方向绿灯亮 6s 后熄灭，接着东西方向黄灯亮 3s，与此同时，南北方向红灯保持亮 9s。南北方向红灯 9s 时间到，所有灯均熄灭。

开始南北方向绿灯亮 5s 后熄灭，接着南北方向黄灯亮 3s。与此同时，东西方向红灯保持亮 8s。东西方向红灯 8s 时间到，所有灯均熄灭，依次循环。

对应数码管显示倒计时时间。交通灯运行期间，如果用手将光敏电阻器遮住或将实验板使用环境变暗，则交通灯 LED 和数码管的亮度都会降低，以达到节能的效果。

拓展：修改程序，使东西方向绿灯亮 4s，南北方向绿灯亮 6s，黄灯均亮 2s。

参考程序如下。

```c
#include "STC8.h"              //单片机头文件
#include "intrins.h"
#define uint unsigned int      //对数据类型进行声明定义
#define uchar unsigned char
sbit LSA=P4^4;                 //位选第 1 个数码管
sbit LSD=P4^3;                 //位选第 4 个数码管
sbit ny=P0^7;                  //南北蓝
sbit ng=P0^6;                  //南北绿
sbit nr=P0^5;                  //南北红
sbit dr=P0^4;                  //东西红
sbit dg=P0^3;                  //东西绿
sbit dy=P0^2;                  //东西蓝
uchar code smgduan[11]={0xfa,0x82,0xb9,0xab,0xc3,0x6b,0x7b,
              0xa2,0xfb,0xeb,0x00};  //0～9 的共阴段码,最后一个灭
uchar time_dx_g=6;             //东西绿亮时间
uchar time_dx_y=3;             //东西黄亮时间
uchar time_nb_g=5;             //南北绿亮时间
uchar time_nb_y=3;             //南北黄亮时间
uchar time_dx_r;               //东西红亮时间
uchar time_nb_r;               //南北红亮时间
uchar sec_dx_g,sec_dx_y,sec_dx_r,sec_nb_g,sec_nb_y,sec_nb_r;
              //东西绿,东西黄,东西红,南北绿,南北黄,南北红当前秒
uchar Id=0;                    //记录 ADC 高 8 位转换值,亮度
uchar smg1,smg4;               //数码管当前显示值,smg1 东西,smg4 南北
void delay(uint j)             //延时函数
{
    while(j--);
}
uchar add(uchar x,uchar y)     //加运算函数
{
    uchar z;
    z=x+y;
    return z;
```

```c
}
void sec_Init()                  //各 LED 亮的秒数初始化赋值
{
    sec_dx_g=time_dx_g;          //东西绿秒数
    sec_dx_y=time_dx_y;          //东西黄秒数
    sec_dx_r=time_dx_r;          //东西红秒数
    sec_nb_g=time_nb_g;          //南北绿秒数
    sec_nb_y=time_nb_y;          //南北黄秒数
    sec_nb_r=time_nb_r;          //南北红秒数
}
void Timer1Init()                //定时器 1 初始化函数
{
    TMOD=0X10;                   //选择定时器 1 工作模式 1
    TH1=0xF8;                    //给定时器赋初值 0xF830,定时 1ms
    TL1=0x30;
    ET1=1;                       //打开定时器 1 中断允许
    EA=1;                        //打开总中断
    TR1=1;                       //打开定时器
}
void Display(uchar L1,uchar L4) //数码管显示函数
{
    uchar i;
    for(i=0;i<2;i++)
    {
        P1=0x00;                 //消隐
        switch(i)                //位选与段码点亮数码管
        {
            case(0):
                LSA=0; LSD=1; P1=smgduan[L1];break;      //显示第 1 位
            case(1):
                LSA=1; LSD=0; P1=smgduan[L4];break;      //显示第 4 位
        }
        delay(100);              //间隔一段时间扫描
        if(id>=200)              //降低数码管亮度
        {
        P1=0x00;
        delay(500);
        }
    }
}
void ADC()                       //AD 转换函数
{
    P0M0=0x00;                   //配置 P0.1 口为 ADC 口
    P0M1=0x02;                   //配置 P0.1 口为 ADC 口
    ADCCFG=0x00;                 //配置 ADC 时钟
    ADC_CONTR=0x89;              //使能 ADC 模块
    ADC_CONTR|=0x40;             //启动 AD 转换
    _nop_();
```

```
        _nop_();
        while(!(ADC_CONTR&0x20));        //查询 ADC 完成标志
        ADC_CONTR&=~0x20;                //清完成标志
        id=ADC_RES;                      //AD 转换的高 8 位赋值给 id
    }
    void LED()                           //交通灯显示函数
    {
        if(sec_nb_g==0&&sec_nb_y>0)      //第 4 步南北黄灯亮
        {
            nr=1; ny=0; ng=1;            //南北红灯和绿配出黄亮
            dr=1; dy=0; dg=0;            //东西红灯亮
            smg1=sec_dx_r;               //东西红当前显示值
            smg4=sec_nb_y;               //南北黄当前显示值
            delay(30);                   //绿灯延时后熄灭便于调出黄色
            ng=0;
        }
        if(sec_dx_y==0&&sec_nb_g>0)      //第 3 步南北绿灯亮
        {
            nr=0; ny=0; ng=1;            //南北绿灯亮
            dr=1; dy=0; dg=0;            //东西红灯亮
            smg1=sec_dx_r;               //东西红当前显示值
            smg4=sec_nb_g;               //南北绿当前显示值
        }
        if(sec_dx_g==0&&sec_dx_y>0)      //第 2 步东西黄灯亮
        {
            nr=1; ny=0; ng=0;            //南北红灯亮
            dr=1; dy=0; dg=1;            //东西红和绿配出黄亮
            smg1=sec_dx_y;               //东西黄当前显示值
            smg4=sec_nb_r;               //南北红当前显示值
            delay(30);                   //绿延时后关闭便于调出黄色
            dg=0;
        }
        if(sec_dx_g>0)                   //第 1 步东西绿灯亮
        {
            nr=1; ny=0; ng=0;            //南北红灯亮
            dr=0; dy=0; dg=1;            //东西绿灯亮
            smg1=sec_dx_g;               //东西绿当前显示值
            smg4=sec_nb_r;               //南北红当前显示值
        }
        if(id>=200)                      //降低交通灯 LED 亮度
        {
            delay(200);                  //亮一段时间
            nr=0; ny=0; ng=0;            //全灭
            dr=0; dy=0; dg=0;
        }
    }
    void main()
    {
```

```
    P1=0x00;                              //清除交通灯显示
    time_dx_r=add(time_nb_g,time_nb_y);   //调用加运算函数求东西红灯亮时间
    time_nb_r=add(time_dx_g,time_dx_y);   //调用加运算函数求南北红灯亮时间
    sec_Init();                           //各 LED 亮的秒数初始化赋值
    Timer1Init();                         //定时器 1 初始化函数
    while(1)
    {
        LED();                            //交通灯显示函数
        Display(smg1,smg4);               //数码管显示函数
        ADC();                            //AD 转换函数
    }
}
void Timer1() interrupt 3                 //定时器 1 中断函数
{
    uint i;                               //函数内用局部变量 i
    TH1=0xF8;                             //给定时器赋初值 0xF830,定时 1ms
    TL1=0x30;
    i++;
    if(i==1000)
    {
        i=0;
        if(sec_nb_g==0&&sec_nb_y>0)   //南北黄秒数未清零
        {
            sec_nb_y--;
            sec_dx_r--;
        }
        if(sec_dx_y==0&&sec_nb_g>0)   //南北绿秒数未清零
        {
            sec_nb_g--;
            sec_dx_r--;
        }
        if(sec_dx_g==0&&sec_dx_y>0)   //东西黄秒数未清零
        {
            sec_dx_y--;
            sec_nb_r--;
        }
        if(sec_dx_g>0)                    //东西绿秒数未清零
        {
            sec_dx_g--;
            sec_nb_r--;
        }
        if(sec_nb_y==0&&sec_nb_g==0&&sec_dx_y==0&&sec_dx_g==0)
                    //逻辑与运算,判断全部秒数都等于 0
        {
            sec_Init();                   //各 LED 亮的秒数初始化赋值
        }
    }
}
```

学生工作页

工作1：回顾函数知识

学生			时间	
编程实现	修改的语句	显示记录	评价	
定义一个无参函数				
定义一个有参数有返回值的 int 型函数				
调用减法函数求 36-14				

工作2：修改控制交通灯程序

学生			时间	
编程实现	编程	显示记录	评价	
ADC 转换并显示在数码管上				
东西和南北红均为 8s				
黄灯常亮改为闪烁				

任 务 小 结

　　本任务介绍了单片机函数及 ADC 相关知识。通过对本任务的学习，学生能够认识函数的形式参数和实际参数，会编写无参数函数和有参数函数，会使用单片机内置的 ADC 模块，能灵活运用函数及函数的调用编程实现交通灯的控制。

项 目 小 结

　　数组是用于存放多个相同类型变量所组成的有序集合；指针相当于一个变量，与普通变量不一样，它存放的是其他变量在内存中的地址。

　　数码管显示是单片机最常用的人机对话方式，熟练掌握硬件原理是编写程序的关键。数码管段码表不必死记硬背，根据单片机与数码管的接口方式不同，其段码表也不相同，重要的是理解段码表的基本原理，能够根据电路正确推算。

定时器的使用重点在于掌握使用步骤。

第 1 步：设置控制寄存器，确定定时器工作模式。

第 2 步：设置计数寄存器初值。

第 3 步：根据需要开放定时器中断。

第 4 步：启动定时器。

第 5 步：根据溢出信号编写程序，需注意是否需要重新初始化初值。

C51 语言中函数必须先定义后使用，理解函数调用时的参数传递，会区分形式参数和实际参数，能根据实际使用无参数函数和有参数函数。

在认识 ADC 概念及参数指标的基础上，学会单片机内置 ADC 的应用和编程技巧，通过控制交通灯实训编写程序理解其使用方法。

知 识 巩 固

1. 定义的同类型数组与普通变量最大的区别是什么？

2. 举例说明指针变量初始化赋值的方法。

3. 画出单位数码管的引脚分布，并标出每一段对应的字母符号。

4. 数码管按内部 LED 连接方式分为哪几类？试画出它们的内部结构图。

5. 画出单位数码管与单片机的接口电路。

6. 试写出数码管动态显示的原理。

7. 假如 STC8 系列单片机时钟源 12MHz，选择定时器 T0 工作模式 1 用于定时 3ms，在默认定时器速度下其初值应设置为多少？

8. STC8A8K 系列单片机中，定时器中断源有哪几个？它们的中断号分别是多少？

9. 试说明 return 语句在函数中的作用。

10. 什么叫 ADC？它主要的参数指标有哪些？

11. 已知有 8 位的 ADC 和 12 位的 ADC，试分析它们之中哪一个的分辨率高，并计算其最大输出数字量。

项目 4

驱动液晶显示屏

项目说明

液晶显示屏（LCD）是平面显示器的一种，能显示字符、数字，也能显示各种图形、曲线及汉字，并可以实现屏幕上下滚动、动画、闪烁等效果。LCD 具有功耗低、体积小、质量轻、超薄等诸多优点，广泛应用于各种智能型仪表和低功耗电子产品中。

本项目共有 3 个任务，从 LCD1602 驱动显示入手，到具有显示字符、图案功能的 LCD12864 及 LED 点阵。由简至难，逐步学习常见显示模块的结构、电路接口及在工程中的运用。

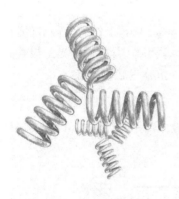

知识目标

- 认识液晶显示屏及 LED 点阵的基本结构。
- 通过查阅能读懂液晶显示屏相关驱动指令。
- 理解液晶显示屏与单片机数据传输时的顺序要求。

技能目标

- 通过编程驱动液晶显示屏模组及 LED 点阵显示字符、汉字和图形。
- 掌握 LED 点阵级联应用。
- 掌握取模软件的使用方法。

任务 4.1　控制 LCD1602

任务描述

　　LCD1602 模组能显示 2 行、每行 16 个字符，价格低廉，常用于低成本的数字及字符显示。本任务从认识 LCD1602 入手，学习分析接口电路及程序编写，实现单片机控制 LCD1602 显示。

任务目标

- 认识 LCD1602 模组的引脚定义与接口电路。
- 会编写及运用 LCD1602 液晶显示屏模组的写指令函数和写数据函数。
- 编程实现 LCD1602 模组字符显示。

4.1.1　认识 LCD1602 模组

　　LCD1602 是常见的字符型液晶显示屏，是一种能显示字母、数字、符号等内容的点阵型液晶屏模组，一般应用于智能仪表、通信和办公自动化等领域，具有比发光二极管、数码管显示更灵活多样、功耗更低等优点，驱动电路简单，价格也较为低廉。

　　1. LCD1602 模组的基本结构

　　LCD1602 模组由若干个 5×8 或 5×10 点阵字符位组成，每个点阵字符位都可以显示一个字符，其外形结构示意图如图 4.1 所示。

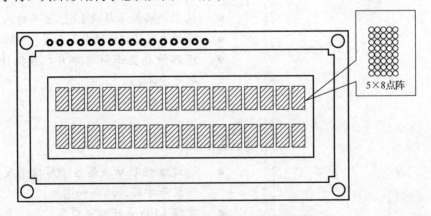

图 4.1　LCD1602 模组外形结构示意图

LCD1602 模组的结构有以下几个特点。

① 由若干个 5×8 或 5×10 点阵组成，可以显示 2 行，每行有 16 个字符。

② 在内存中提供了 192 种字符的库，方便用户直接调用。

③ 具有 64 字节的自定义字符 ARM，可自定义为 8 个 5×8 字符或 4 个 5×10 字符。

④ 具有标准的接口，方便与单片机连接。

⑤ 使用+5V 电源供电。

⑥ 支持对背光亮度和对比度的调节控制。

在市场上具有类似规范的产品都被称为 LCD1602 模组或 LCD1602。

2. LCD1602 引脚功能

LCD1602 引脚分布如图 4.2 所示，其引脚功能说明见表 4.1。

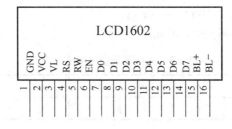

图 4.2 LCD1602 引脚分布

表 4.1 LCD1602 引脚功能说明

编号	符号	功能说明
1	GND	电源地
2	VCC	电源正极
3	VL	液晶显示偏压信号。外加 0~5V 电压以调节显示对比度，可采用电位器分压实现
4	RS	数据/命令选择端。高电平的时候选择数据寄存器，低电平的时候选择命令寄存器，可由单片机控制
5	RW	读/写选择端。高电平的时候为读操作，低电平的时候为写操作，可由单片机控制
6	EN	使能信号。低电平有效，由单片机控制
7~14	D0~D7	数据总线端，与单片机进行数据传输
15	BL+	背光源正极
16	BL-	背光源负极

3. LCD1602 常见指令

LCD1602 通过数据总线与单片机连接通信。单片机向 LCD1602 发送相应的指令以完成对液晶显示的控制，常见指令有显示模式设置指令、光标显示设置指令、输入方式设置指令、清屏设置指令和数据指针设置指令。

1）显示模式设置指令格式见表4.2。

表4.2　显示模式设置指令格式

RS	RW	D7	D6	D5	D4	D3	D2	D1	D0
0	0	0	0	1	DL	N	F	*	*

DL=0：数据总线为 4 位。　　　DL=1：数据总线为 8 位。

N =0:显示 1 行。　　　　　　　N =1：显示 2 行。

F =0：5×8 点阵/每字符。　　　F =1：5×10 点阵/每字符。

*表示功能未定义。

如显示设置为数据总线8位的2行5×8点阵，即采用8位数据口进行数据传输，采用2行5×8点阵。每行能显示16个字符，2行一共能显示32个字符。按指令要求，输入的指令数据应该为00111000，即0x38。

2）光标显示设置指令格式见表4.3。

表4.3　光标显示设置指令格式

RS	RW	D7	D6	D5	D4	D3	D2	D1	D0
0	0	0	0	0	0	1	D	C	B

D=0：关显示。　　　　　　　　D=1：开显示。

C=0：不显示光标。　　　　　　C=1：显示光标。

B=0：光标不闪烁。　　　　　　B=1：光标闪烁。

如选用光标显示设置为开显示、不显示光标和光标不闪烁，则输入的指令数据应该为00001100，即0x0c。

3）输入方式设置指令格式见表4.4。

表4.4　输入方式设置指令格式

RS	RW	D7	D6	D5	D4	D3	D2	D1	D0
0	0	0	0	0	0	0	1	I/D	S

I/D =0：当读或写一个字符后光标寄存器减 1，即字符依次从右向左显示。

I/D =1：当读或写一个字符后光标寄存器加 1，即字符依次从左向右显示。

S=0：当读或写一个字符后，画面保持不变。

S=1：当读或写一个字符后，画面平移。

如字符显示依次从左向右，且不需要画面进行平移，则 I/D=1，S=0，输入指令数据00000110，即0x06。

4）清屏设置指令格式见表4.5。

表4.5　清屏设置指令格式

RS	RW	D7	D6	D5	D4	D3	D2	D1	D0
0	0	0	0	0	0	0	0	0	1

清屏指令为 0x01，能实现将屏幕中显示的内容全部清除，并将光标返回左上角，等待新的字符数据输入或指令设置。

5）数据指针（DDRAM）设置指令格式见表 4.6。

表 4.6　数据指针（DDRAM）设置指令格式

RS	RW	D7	D6	D5	D4	D3	D2	D1	D0
0	0	1	A6	A5	A4	A3	A2	A1	A0

A6～A0：LCD1602 内部显示 RAM 的地址。

LCD1602 内部自带有 80 字节的显示 RAM，可用于存储和显示所发送的数据，LCD1602 内部 RAM 结构如图 4.3 所示。根据 LCD1602 能显示 2 行的结构特点，80 字节的内部显示 RAM 同样分成 2 行，每行存储 40 字节数据，第 1 行的 RAM 地址为 0x00H 到 0x27H，第 2 行的 RAM 地址为 0x40H 到 0x67H。

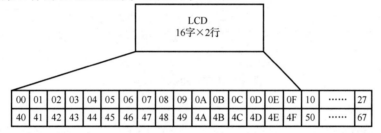

图 4.3　LCD1602 内部 RAM 结构

当显示指令设置为开时，每行只有 8 个 RAM 地址的数据字符（第 1 行为 0x00～0x0F，第 2 行为 0x40～0x4F）能在屏幕中进行显示，其他 RAM 地址的数据字符存在于屏幕之外，是不可见的。

利用数据指针设置指令，可以设置显示字符数据存储（显示）的位置。如要在 LCD1602 的第 1 行第 1 个位置和第 2 行第 3 个位置显示字符时，需要将数据指针设置在 LCD1602 内部 RAM 地址为 0x00 和 0x42 的位置。将这两个 RAM 地址代入数据指针设置指令的 A6～A0 中，得到最终的指令为 0x80（第 1 行第 1 个位置）和 0xc2（第 2 行第 3 个位置）。在设置完数据存储位置之后，再发送要显示的字符数据，即可在显示指令为开的情况下，将字符显示于 LCD1602 相应位置上。

4.1.2　LCD1602 接口电路

1．LCD1602 接口电路

单片机与 LCD1602 的接口电路如图 4.4 所示，3 脚外接电位器可以调节液晶显示屏的对比度，如出现程序内容和烧录都无误，但仍然没有显示的情况，其原因可能是对比度过低，可以调节电位器增大对比度。

LCD1602 引脚 4～14 与单片机 IO 口连接，实现数据传输。电阻器 R_{22} 为 LCD1602

内部 LED（LCD 背光）限流电阻器，决定 LCD1602 显示亮度。

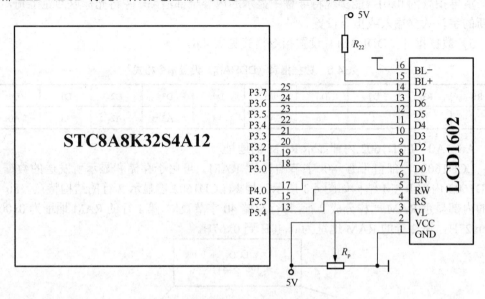

图 4.4　LCD1602 接口电路

2. 数据传输

通过单片机的 P4.0、P5.5、P5.4 和 P3 可以实现与 LCD1602 的数据传输。根据 LCD1602 的工作要求，在进行数据传输时，除了设置 RS 数据/命令选择和 RW 读/写选择之外，还需要给使能信号 EN 一个高脉冲，即 EN=0、EN=1、EN=0 的过程。

根据数据传输时序要求，可以写出常用的写指令函数和写数据函数，其具体内容如下。

（1）写指令函数

RS=0，RW=0，D0～D7 为指令码，E 为高脉冲。

```
void LcdWriteCom(uchar com)
{
    LCD1602_RS = 0;            //选择发送命令
    LCD1602_RW = 0;            //选择写入
    LCD1602_E = 0;             //使能清零

    LCD1602_DATAPINS = com;    //写入命令
    Lcd1602_Delay(2);          //等待数据稳定

    LCD1602_E = 1;             //写入时序
    Lcd1602_Delay(5);          //保持时间
    LCD1602_E = 0;
}
```

（2）写数据函数

RS=1，RW=0，D0～D7 为数据，E 为高脉冲。

```
void LcdWriteData(uchar dat)
{
    LCD1602_RS = 1;                    //选择输入数据
    LCD1602_RW = 0;                    //选择写入
    LCD1602_E = 0;                     //使能清零

    LCD1602_DATAPINS = dat;            //写入数据
    Lcd1602_Delay(2);                  //等待数据稳定

    LCD1602_E = 1;                     //写入时序
    Lcd1602_Delay(5);                  //保持时间
    LCD1602_E = 0;
}
```

　　显示的字符数据格式为通用 ASCII 码。ASCII 码是通过 7 位二进制数表示所有英文字符大小写、0～9 数字、标点符号的单字节编码系统，具体内容如表 4.7 所示。

表 4.7　ASCII 码

ASCII 值	控制字符	ASCII 值	控制字符	ASCII 值	控制字符	ASCII 值	控制字符
0	NUL	20	DC4	40	(	60	<
1	SOH	21	NAK	41	)	61	=
2	STX	22	SYN	42	*	62	>
3	ETX	23	ETB	43	+	63	?
4	EOT	24	CAN	44	,	64	@
5	ENQ	25	EM	45	−	65	A
6	ACK	26	SUB	46	.	66	B
7	BEL	27	ESC	47	/	67	C
8	BS	28	FS	48	0	68	D
9	HT	29	GS	49	1	69	E
10	LF	30	RS	50	2	70	F
11	VT	31	US	51	3	71	G
12	FF	32	（space）	52	4	72	H
13	CR	33	!	53	5	73	I
14	SO	34	"	54	6	74	J
15	SI	35	#	55	7	75	K
16	DLE	36	$	56	8	76	L
17	DC1	37	%	57	9	77	M
18	DC2	38	&	58	:	78	N
19	DC3	39	'	59	;	79	O

续表

ASCII 值	控制字符	ASCII 值	控制字符	ASCII 值	控制字符	ASCII 值	控制字符
80	P	92	\	104	h	116	t
81	Q	93	]	105	i	117	u
82	R	94	^	106	j	118	v
83	S	95	_	107	k	119	w
84	T	96	`	108	l	120	x
85	U	97	a	109	m	121	y
86	V	98	b	110	n	122	z
87	W	99	c	111	o	123	{
88	X	100	d	112	p	124	|
89	Y	101	e	113	q	125	}
90	Z	102	f	114	r	126	~
91	[	103	g	115	s	127	DEL

　　ASCII 码表是字符型编码，在 C 语言编程中单个字符可以用单引号标志，多个字符构成的字符串可以用双引号标志。为减少查看 ASCII 码表的麻烦，可以通过直接输入字符，由编译器自行对照 ASCII 码表转换数据的方式来实现数据的显示。如若想要显示 20200101 这 8 个数字，可以先声明一个字符串数组。

```
unsigned char code Disp[]={"20200101"}
```

再将数组中的每个字符使用写数据函数传送给 LCD1602 即可，不需要再对照 ASCII 码表查找对应显示字符的数据。

4.1.3　编程显示字符

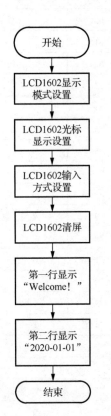

图 4.5　程序流程图

步骤 1：绘制实验电路图，如图 4.4 所示。
步骤 2：编制程序流程图，如图 4.5 所示。
步骤 3：编写程序，编译并输出 .hex 文件。
显示函数：

微课堂

编程显示字符

```
    void LcdDis(uchar row,uchar column,uchar *p)
//写指令函数和写数据函数
    {
        if(row==1)
            LcdWriteCom(0x80+column-1);   //显示第 1 行
        else
    LcdWriteCom(0xC0+column-1);              //显示第 2 行
        while(*p!='\0')
```

```
    {
        LcdWriteData(*p);
        p++;
    }
}
```

LcdDis(uchar row,uchar column,uchar *p)是使用LCD1602写指令函数和写数据函数，实现在LCD1602任何位置完成字符输入的函数。形参中的row表示行，column表示列，*p表示需要输入的字符地址。在LCD1602的第2行第3个位置开始显示"Welcome!"字符，则操作以下两步即可实现。

① 定义数组：uchar code Disp1[]={"Welcome!"}。

② 调用函数：LcdDis（2,3,Disp1）。

步骤4：单片机程序烧录。

程序下载时，LCD1602需处于拆除状态，否则会影响程序下载。

步骤5：脱机运行，观察实验板运行效果，如图4.6所示。

图4.6　实验板运行效果图

参考程序如下。

```
#include <STC8.H>

#define uint unsigned int              //对数据类型进行声明定义
#define uchar unsigned char

#define LCD1602_DATAPINS P3            //定义P3口名称为LCD1602_DATAPINS
sbit LCD1602_E=P4^0;                   //定义IO口名称
sbit LCD1602_RW=P5^5;
sbit LCD1602_RS=P5^4;

uchar code Disp1[]={"Welcome!"};      //定义字符显示数组
uchar code Disp2[]={"2020-01-01"};
/*********************LCD1602延时函数*********************/
void Lcd1602_Delay(uint c)
{
    uchar a,b;
    for (; c>0; c--)
        for (b=199;b>0;b--)
            for(a=20;a>0;a--);
}
```

```
/********************LCD1602 写指令函数********************/
void LcdWriteCom(uchar com)
{
    LCD1602_RS = 0;              //选择发送命令
    LCD1602_RW = 0;              //选择写入
    LCD1602_E = 0;               //使能清零

    LCD1602_DATAPINS = com;      //写入命令
    Lcd1602_Delay(2);            //等待数据稳定

    LCD1602_E = 1;               //写入时序
    Lcd1602_Delay(5);            //保持时间
    LCD1602_E = 0;
}
/********************LCD1602 写数据函数********************/
void LcdWriteData(uchar dat)
{
    LCD1602_RS = 1;              //选择输入数据
    LCD1602_RW = 0;              //选择写入
    LCD1602_E = 0;               //使能清零

    LCD1602_DATAPINS = dat;      //写入数据
    Lcd1602_Delay(2);            //等待数据稳定

    LCD1602_E = 1;               //写入时序
    Lcd1602_Delay(5);            //保持时间
    LCD1602_E = 0;
}
/********************LCD1602 字符显示函数********************/
void LcdDis(uchar row,uchar column,uchar *p)
{
    if(row==1)                          //如果写入字符在第 1 行
        LcdWriteCom(0x80+column-1);     //发送数据指针为 0x80+column-1
    else                                //如果写入字符不在第 1 行
        LcdWriteCom(0xC0+column-1);     //发送数据指针为 0xC0+column-1
    while(*p!='\0')                     //依次发送数组字符进行显示
    {
        LcdWriteData(*p);
        p++;
    }
}
/********************LCD1602 初始化函数********************/
void LcdInit()
{
    LcdWriteCom(0x38);           //开显示
    LcdWriteCom(0x0c);           //开显示不显示光标
    LcdWriteCom(0x06);           //写一个指针加 1
    LcdWriteCom(0x01);           //清屏
}
```

```
/************************主函数*************************/
void main(void)
{
    LcdInit();                    //LCD1602初始化
    LcdDis(1,5,Disp1);            //第1行第5个位置显示Welcome!
    LcdDis(2,4,Disp2);            //第2行第4个位置显示2020-01-01
    while(1);                     //结束
}
```

学生工作页

工作1：回顾LCD1602液晶显示屏引脚功能

学生		时间	
引脚名称	功能描述		评价
RW			
RS			
EN			
D0～D7			

工作2：修改点亮LCD1602液晶显示屏程序

学生			时间	
编程实现	修改的语句	显示记录		评价
显示"My name is xiao hai"				
显示"12+25=37"				
第1行中间位置显示 "Hello World!"				
第2行显示数字 "123:456"				

任 务 小 结

　　本任务通过对LCD1602的学习，初步认识LCD1602的结构和接口电路，能使用常见指令完成LCD1602的初始化，并利用写指令函数和写数据函数完成在显示屏的任意位置进行字符显示。

任务 4.2　控制 LCD12864

任务描述

LCD1602 作为字符型模组，只能显示数字和字符，而 LCD12864 是图形型模组，可根据需求任意显示字符、数字、汉字和图形，通常用于显示要求更高的场合。本任务主要学习 LCD12864 模组结构和汉字显示原理，通过串口方式完成数据传输，实现单片机控制 LCD12864 汉字显示。

任务目标

● 认识 LCD12864 的模组结构。
● 掌握 LCD12864 的串口数据传输方法。
● 实现 LCD12864 的汉字显示。

4.2.1　认识 LCD12864 模组

LCD12864 具有功耗低、体积小、质量轻、超薄等优点。与同类型的图形点阵液晶显示模块相比，不论在硬件结构还是程序驱动方面，LCD12864 都简洁很多，因此它作为一种标准化的部件被广泛应用。

1. LCD12864 的模组结构

LCD12864 主要由 128×64 点阵液晶显示器组成，可完成图形显示，也可以完成 4 行共 32 个汉字或 4 行共 64 个 ASCII 码字符显示。显示图形时，LCD12864 在地址排列上分为上、下半屏，如图 4.7 所示。上半屏的水平坐标地址是 0x00～0x07，下半屏的水平坐标地址是 0x08～0x0F（每个地址占 2 字节、16 个点）；上、下半屏的垂直坐标地址都为 0x00～0x1F（每半屏 32 行点阵）。绘图时，依次将图形数据发送至 128×64 点阵对应的地址中，即可实现图形显示。

LCD12864 内部 ROM 已经固化存储 8192 个 16×16 点阵的中文字型和 126 个 16×8 点阵的 ASCII 码字符。使用 LCD12864 显示字符/汉字时，只需将要显示的中文字符编码（字符或字符串）写入 LCD12864，硬件将依照编码自动从内部 ROM 中辨别选择对应的字符和汉字，并显示在屏幕上。

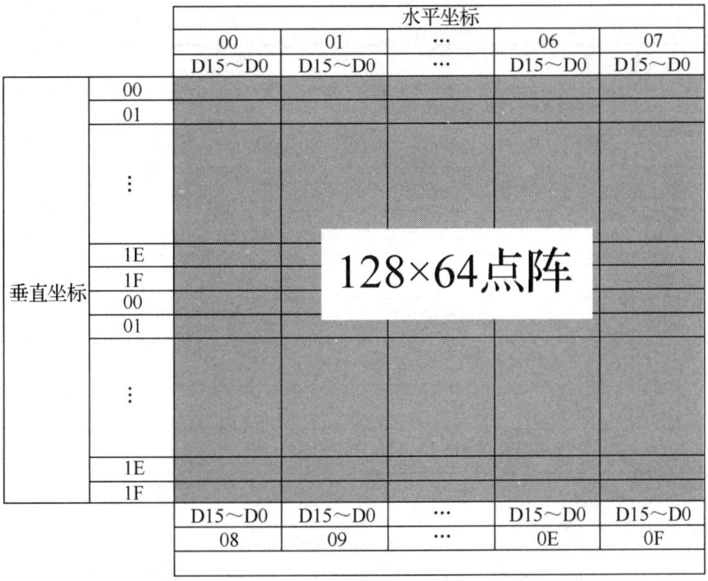

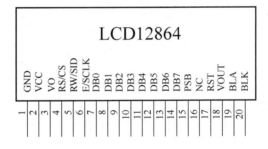

图 4.7　LCD12864 绘图坐标地址排列顺序图

2. LCD12864 引脚功能

LCD12864 的引脚分布如图 4.8 所示，其功能说明见表 4.8。

图 4.8　LCD12864 引脚分布

表 4.8　LCD12864 引脚说明

引脚序号	引脚名称	功能描述
1	GND	电源地
2	VCC	电源正极
3	VO	LCD 驱动电压输入端。外加 0～5V 电压以调节显示对比度，可采用电位器分压实现
4	RS/CS	并行接口：指令/数据选择端。RS=1：数据寄存器；RS=0：命令寄存器。可由单片机控制 串行接口：片选信号端，高电平有效
5	RW/SID	并行接口：读/写选择端。RW=1：读操作；RW=0：写操作。可由单片机控制 串行接口：数据输入端

续表

引脚序号	引脚名称	功能描述
6	E/SCLK	并行接口：使能信号端 串行接口：同步时钟信号端，上升沿时读取 SID 数据
7～14	DB0～DB7	并行数据端，与单片机进行数据传输
15	PSB	串并行接口选择。PSB=1：并行；PSB=0：串行
16	NC	空脚
17	RST	复位端，低电平有效
18	VOUT	LCD 驱动电压输出端
19	BLA	背光源正极+5V
20	BLK	背光源负极 0V

3. LCD12864 常见指令

LCD12864 有两套控制命令，分别为基本指令和扩展指令，涉及 LCD 清屏、显示字符位置和绘图开关等内容。汉字显示时常用的指令有功能设定指令、显示状态设置指令、清屏指令、数据指针（DDRAM）指令。

1）功能设定指令格式见表 4.9。

表 4.9　功能设定指令格式

RS	RW	D7	D6	D5	D4	D3	D2	D1	D0
0	0	0	0	1	DL	×	RE	×	×

DL=0：数据总线为 4 位。　　　　DL=1：数据总线为 8 位。

RE =0：使用基本指令集。　　　　RE =1：使用扩展指令集。

如设定数据总线为 8 位，使用基本指令集，则输入的指令数据为 00110000，即 0x30（×表示任意数值，默认为 0）。

2）显示状态设置指令格式见表 4.10。

表 4.10　显示状态设置指令格式

RS	RW	D7	D6	D5	D4	D3	D2	D1	D0
0	0	0	0	0	0	1	D	C	B

D=0：关显示。　　　　　　　　D=1：开显示。

C=0：不显示光标。　　　　　　C=1：显示光标。

B=0：光标位置不反白。　　　　B=1：光标位置反白允许。

如开显示，光标不显示且位置不反白，则输入的指令数据为 00001100，即 0x0c。

3）清屏指令格式见表4.11。

表4.11 清屏指令格式

RS	RW	D7	D6	D5	D4	D3	D2	D1	D0
0	0	0	0	0	0	0	0	0	1

清屏指令为0x01，能实现将屏幕中显示的内容全部清除，并将光标返回左上角。在使用清屏指令时，需加上一定的延时来等待液晶稳定。

4）DDRAM设置指令格式见表4.12。

表4.12 DDRAM设置指令格式

RS	RW	D7	D6	D5	D4	D3	D2	D1	D0
0	0	1	0	A5	A4	A3	A2	A1	A0

A5～A0：LCD12864内部字符显示RAM的地址。

LCD12864内部提供有32个字符的显示RAM缓冲区，字符显示RAM地址与屏幕上32个字符（16×16）显示区域一一对应，其对应关系如图4.9所示。

液晶点阵128列

字符第1行	80H	81H	82H	83H	84H	85H	86H	87H
字符第2行	90H	91H	92H	93H	94H	95H	96H	97H
字符第3行	88H	89H	8AH	8BH	8CH	8DH	8EH	8FH
字符第4行	98H	99H	9AH	9BH	9CH	9DH	9EH	9FH

液晶点阵64列

图4.9 字符显示RAM地址与字符显示位置对应关系

将字符显示RAM地址代入数据指针设置指令后，可得如表4.13所示的字符显示区域指令对应表。要实现在某一位置显示中文字符，需先设定字符显示位置，再写入中文字符编码。

表4.13 LCD12864字符显示区域指令对应表

第1行	80H	81H	82H	83H	84H	85H	86H	87H
第2行	90H	91H	92H	93H	94H	95H	96H	97H
第3行	88H	89H	8AH	8BH	8CH	8DH	8EH	8FH
第4行	98H	99H	89AH	9BH	9CH	9DH	9EH	9FH

4.2.2 分析LCD12864接口电路

1. LCD12864接口电路

LCD12864接口电路如图4.10所示，3脚所连电位器可以调节液晶显示屏的对比度。如出现程序内容和烧录都无误，但仍没有显示的情况，其原因可能是对比度过低，可以调节电位器增大对比度。电阻器 R_{22} 为 LCD 液晶屏内部 LED（LCD 背光）限流电阻器，决定 LCD12862 液晶显示亮度。

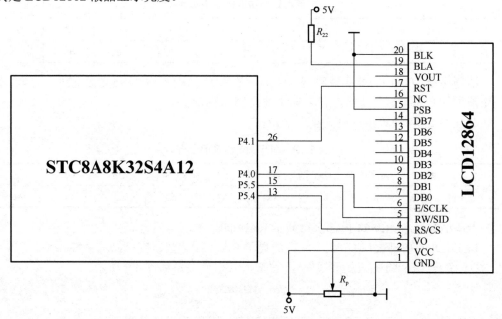

图 4.10　LCD12864 接口电路

LCD12864 的 15 脚 PSB 直接接地，使用串行接口方式；DB0～DB7 并行数据总线无须使用；4 脚作为 CS 片选端，高电平有效；5 脚 SID 为数据输入端，可与单片机进行数据交互；6 脚 SCLK 同步时钟信号端，控制数据读取的频率。

2. 数据传输

如图 4.10 所示，LCD12864 的数据输入端 SID 与单片机 P5.5 相连，同步时钟信号端由单片机 P4.0 控制。在 CS=1（片选允许）和 RST=1（不复位）的前提下，单片机允许与 LCD12864 进行数据传输。根据串口传输模式下写数据的时序要求（同步时钟信号端 SCLK 处于上升沿时，数据被读取）和传输方式（高位在前，低位在后），其串口数据传输函数如下。

```
void byte_send(uchar byte)
{
    uchar i;
    for(i=0;i<8;i++)                  //串口传送 1 字节需要 8 次
    {
        LCD12864_SID=byte>>7;         //取最高位送出
        LCD12864_SCLK=1;              //高脉冲时序
        LCD12864_SCLK=0;
        byte<<=1;                     //将下一位送出的数据移位到最高位
    }
}
```

LCD12864 串行传输模式，需在进行数据传输之前发送 1 字节数据，该字节由 5 位起始位、2 位控制位和 1 位固定值组成，如表 4.14 所示。

表 4.14　首先发送字节信息表

D7	D6	D5	D4	D3	D2	D1	D0
起始位					传输方向	传输性质	固定值
1	1	1	1	1	RW	RS	0

起始位是 5 个连续的 1，当 LCD12864 模块接收到起始位，则重置内部传输并同步串行传输；RW 位控制传输方向，0 为写数据，1 为读数据；RS 位控制传输性质，0 为命令寄存器，1 为数据寄存器；第 8 位固定为 0。

在接收到第 1 个字节信息后，开始传输指令或数据，在传输过程中，8 位数据需拆分为 2 个字节进行传输。数据的高 4 位放置在第 2 个字节串行数据的高 4 位，其低 4 位置 0；数据的低 4 位放置在第 3 个字节串行数据的高 4 位，其低 4 位同样置 0。如发送数据 0x41（0100 0001），则拆分为 0x40（0100 0000）和 0x10（0001 0000）依次发送。

（1）写指令函数

RS=0，RW=0，第 1 个字节串行数据为 0xf8。

```
void LcdWriteCom(uchar com)
{
    uchar buffer;
    byte_send(0xf8);            //发送起始位，设定写指令，即 RS=0，RW=0
    Lcd12864_Delay(10);
    buffer=com&0xf0;           //取发送指令的高 4 位
    byte_send(buffer);         //发送指令高 4 位
    Lcd12864_Delay(10);
    buffer=com<<4;             //将发送指令低 4 位移至高 4 位
    byte_send(buffer);         //发送指令低 4 位
    Lcd12864_Delay(10);
}
```

（2）写数据函数

RS=1，RW=0，第 1 个字节串行数据为 0xfa。

```
void LcdWriteData(uchar dat)
{
    uchar buffer;
    byte_send(0xfa);           //发送起始位，设定写数据，即 RS=1，RW=0
    Lcd12864_Delay(10);
    buffer=dat&0xf0;           //取发送数据的高 4 位
    byte_send(buffer);         //发送数据高 4 位
    Lcd12864_Delay(10);
    buffer=dat<<4;             //将发送数据低 4 位移至高 4 位
    byte_send(buffer);         //发送数据低 4 位
    Lcd12864_Delay(10);
}
```

4.2.3　编程显示汉字

步骤 1：绘制实验电路图，如图 4.10 所示。

步骤 2：编制程序流程图，如图 4.11 所示。

微课堂

编程显示汉字

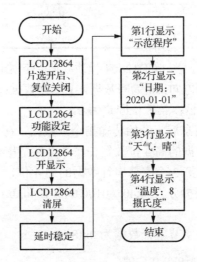

图 4.11　程序流程图

步骤 3：编写程序，编译并输出 .hex 文件。

显示函数如下。

```
void LcdDis(uchar row,uchar column,uchar *p)
{
    switch(row)
    {
        case 1:LcdWriteCom(0x80+column-1);break;
                    //发送字符在第 1 行，则发送数据指针 0x80+column-1
        case 2:LcdWriteCom(0x90+column-1);break;
                    //发送字符在第 2 行，则发送数据指针 0x90+column-1
        case 3:LcdWriteCom(0x88+column-1);break;
                    //发送字符在第 3 行，则发送数据指针 0x88+column-1
        case 4:LcdWriteCom(0x98+column-1);break;
                    //发送字符在第 4 行，则发送数据指针 0x98+column-1
        default:break;
    }
    while(*p!='\0')        //依次发送数组字符进行显示
    {
        LcdWriteData(*p);
        p++;
    }
}
```

1 个 RAM 地址能显示 1 个 16×16 点阵汉字或 2 个 16×8 点阵 ASCII 码字符。若想显示 1 组字符串数组，既包含中文汉字，也有 ASCII 码字符，且 ASCII 码字符出现在汉字前，则该 ASCII 码字符个数必须为偶数，确保 1 个 RAM 地址能对应 1 个完整的汉字编码（1 个汉字编码为 2 字节），而不会被拆分至前一个 RAM 地址中与 ASCII 码字符进行组合。

```
unsigned char Disp1[]={"8 摄氏度"};
```

Disp1[]字符串中汉字"摄"前只有 1 个 ASCII 码字符 8，若将字符串 Dips1[]代入显示函数中，"摄"字编码的第 1 个字节会被拆分，与 ASCII 码字符 8 组合显示，如此便会出现乱码现象。解决方法可采用在数字 8 后加 1 位空格，将奇数个 ASCII 码字符变为偶数个。

```
unsigned char Disp1[]={"8  摄氏度"};
```

步骤 4：单片机程序烧录。

步骤 5：脱机运行，观察实验板运行效果，如图 4.12 所示。

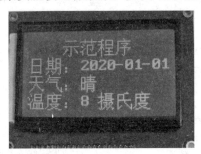

图 4.12　实验板运行效果

参考程序如下。

```
#include <STC8.H>

#define uint unsigned int        //对数据类型进行声明定义
#define uchar unsigned char

sbit LCD12864_SCLK=P4^0;         //定义 IO 口名称
sbit LCD12864_SID=P5^5;
sbit LCD12864_CS=P5^4;
sbit LCD12864_RST=P4^1;


uchar code Disp1[]={"示范程序"};     //定义字符显示数组
uchar code Disp2[]={"日期：2020-01-01"};
uchar code Disp3[]={"天气：晴"};
uchar code Disp4[]={"温度：8 摄氏度"};
```

```c
/*********************LCD12864 延时函数*************************/
void Lcd12864_Delay(uint c)
{
    uchar a,b;
    for (a=c; a>0; a--)
        for (b=200;b>0;b--);
}
/*********************字节发送函数*************************/
void byte_send(uchar byte)
{
    uchar i;
    for(i=0;i<8;i++)                    //串口传送 1 字节需要 8 次
    {
        LCD12864_SID=byte>>7;          //取最高位送出
        LCD12864_SCLK=1;               //高脉冲时序
        LCD12864_SCLK=0;
        byte<<=1;                      //将下一位送出的数据移位到最高位
    }
}
/*********************LCD12864 写指令函数*************************/
void LcdWriteCom(uchar com)
{
    uchar buffer;
    byte_send(0xf8);                   //发送起始位，设定写指令，即 RS=0，RW=0
    Lcd12864_Delay(10);
    buffer=com&0xf0;                   //取发送指令数据的高 4 位
    byte_send(buffer);                 //发送指令数据高 4 位
    Lcd12864_Delay(10);
    buffer=com<<4;                     //将发送指令数据低 4 位移至高 4 位
    byte_send(buffer);                 //发送指令数据低 4 位
    Lcd12864_Delay(10);
}
/*********************LCD12864 写数据函数*************************/
void LcdWriteData(uchar dat)
{
    uchar buffer;
    byte_send(0xfa);                   //发送起始位，设定写数据，即 RS=1，RW=0
    Lcd12864_Delay(10);
    buffer=dat&0xf0;                   //取发送指令数据的高 4 位
    byte_send(buffer);                 //发送指令数据高 4 位
    Lcd12864_Delay(10);
    buffer=dat<<4;                     //将发送指令数据低 4 位移至高 4 位
    byte_send(buffer);                 //发送指令数据低 4 位
    Lcd12864_Delay(10);
```

```c
}
/********************LCD12864 字符显示函数**********************/
void LcdDis(uchar row,uchar column,uchar *p)
{
    switch(row)
    {
        case 1:LcdWriteCom(0x80+column-1);break;
                        //发送字符在第 1 行，则发送数据指针 0x80+column-1
        case 2:LcdWriteCom(0x90+column-1);break;
                        //发送字符在第 2 行，则发送数据指针 0x90+column-1
        case 3:LcdWriteCom(0x88+column-1);break;
                        //发送字符在第 3 行，则发送数据指针 0x88+column-1
        case 4:LcdWriteCom(0x98+column-1);break;
                        //发送字符在第 4 行，则发送数据指针 0x98+column-1
        default:break;
    }
    while(*p!='\0')
    {
        LcdWriteData(*p);
        p++;
    }
}
/********************LCD12864 初始化函数**********************/
void LcdInit()
{
    LCD12864_CS=1;              //设置片选为高电平
    LCD12864_RST=1;            //复位功能关闭

    LcdWriteCom(0x30);         //开显示,基本指令
    LcdWriteCom(0x0c);         //开显示,不显示光标
    LcdWriteCom(0x01);         //清屏
    Lcd12864_Delay(100);
}
/**********************主函数**********************/
void main(void)
{
    LcdInit();                 //LCD12864 初始化
    LcdDis(1,3,Disp1);         //第 1 行第 3 个位置显示"示范程序"
    LcdDis(2,1,Disp2);         //第 2 行第 1 个位置显示"日期：2020-01-01"
    LcdDis(3,1,Disp3);         //第 3 行第 1 个位置显示"天气：晴"
    LcdDis(4,1,Disp4);         //第 4 行第 1 个位置显示"温度：8 摄氏度"
    while(1);                   //结束
}
```

学生工作页

工作 1：回顾 LCD12864 引脚功能

学生		时间	
引脚名称	功能描述	评价	
PSB			
CS			
SID			
SCLK			

工作 2：修改点亮 LCD12864 程序

学生			时间	
编程实现	修改的语句	显示记录	评价	
显示"大家好！"				
显示"hello 新年快乐！"				
第 2 行中间位置显示"欢迎光临"				
第 4 行显示"1+11 等于 12"				

任 务 小 结

　　通过本任务的学习，认识 LCD12864 模组的结构特点，能根据接口电路完成串口数据传输，使用常见指令完成液晶显示屏的初始化，并根据串行传输模式下的写数据时序完成写指令函数和写数据函数，实现在显示屏的任意指定位置进行汉字显示。

　　LCD12864 模组应用技术已非常广泛，成熟的驱动程序多，读者也可通过查阅相关资料获取，在现有程序的基础上进一步开发会起到事半功倍的效果。

任务 4.3　控制 LED 点阵显示

任务描述

　　LED 点阵显示屏作为一种现代电子媒体，具有灵活可变的显示面积、高亮度、长寿命、数字化、实时性等特点，应用非常广泛。

　　本任务从点阵结构入手，学习分析显示驱动器芯片 MAX7219，根据汉字取模软件，完成单片机控制单个 8×8 点阵或 4 个点阵级联显示。

任务目标

- 认识 LED 点阵的内部结构。
- 掌握显示驱动芯片 MAX7219 的使用方法。
- 学会汉字取模软件的应用。
- 编程实现单个 8×8 点阵或 4 个点阵级联显示。

4.3.1　LED 点阵显示原理

　　LED 点阵是组成 LED 屏的基本单元，它不仅能显示字符和数字，还能显示各种图形、曲线和汉字，常见的 LED 点阵有 8×8 点阵和 16×16 点阵等。

1. LED 点阵的结构原理

　　图 4.13 所示为 8×8 点阵的结构原理图，8×8 点阵由 8 行 8 列共 64 个 LED 组成。

　　共阴点阵结构如图 4.13（a）所示，每行 8 个 LED 的负极相连引出，每列 8 个 LED 的正极相连引出。共阳点阵结构如图 4.13（b）所示，每行 8 个 LED 的正极相连引出，每列 8 个 LED 的负极相连引出。

　　当设置 1 行的公共引出端为低电平，1 列的引出端为高电平时，8×8 共阴点阵左上角 1 个 LED 就会被点亮。

2. LED 点阵显示过程

　　8×8 点阵显示与 8 位数码管动态显示原理类似，输出行作为位选端，输出列作为段码端。位选端每次只允许选中一行，位选结束后，发送该行的段码数据。从 1 行到 8 行依次扫描，当发送完 8 个段码数据后，就能完成一个 8×8 点阵图形、字符或汉字的显示。

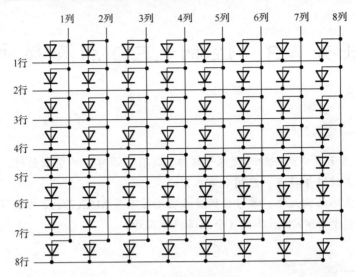

（a）共阴点阵结构图

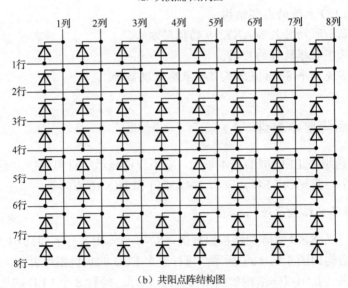

（b）共阳点阵结构图

图 4.13　8×8 点阵结构原理图

4.3.2　分析点阵接口电路

1. LED 点阵接口电路

　　根据 LED 点阵显示原理可知，控制 1 个 8×8 点阵，需要 2 组 8
位 IO 口分别控制点阵的位选（行）和段码（列），为减少单片机 IO 口的消耗，常用显示驱动芯片控制点阵显示。8×8 点阵接口电路图如图 4.14 所示，单片机通过 P3.5、P3.6 和 P3.7 与 MAX7219 相连，控制 MAX7219 芯片驱动点阵显示。

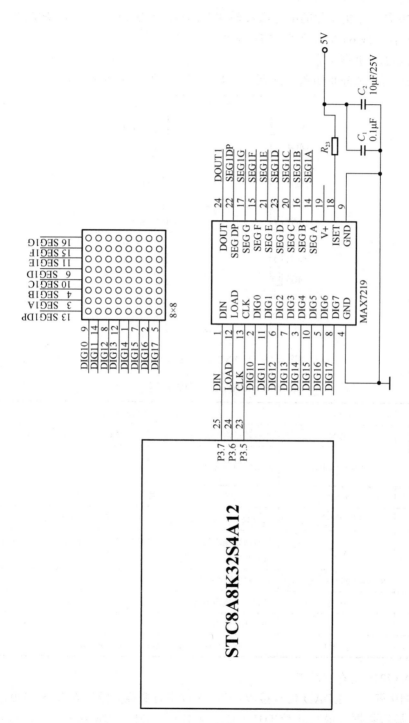

图 4.14 8×8 点阵接口电路图

2. MAX7219 显示驱动芯片

MAX7219 是一个集成化的串行输入/输出共阴极显示驱动器，可同时驱动 8 位共阴极 LED（数码管）或 64 个独立的 LED（8×8 点阵）。

（1）MAX7219 引脚功能

MAX7219 的引脚分布如图 4.15 所示，其功能说明如表 4.15 所示。

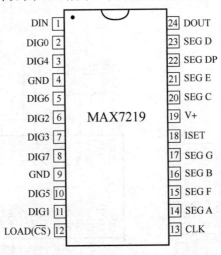

图 4.15　MAX7219 引脚分布

表 4.15　MAX7219 引脚说明

引脚序号	引脚名称	功能描述
1	DIN	串行数据输入端。在时钟上升沿时数据被载入内部的 16 位寄存器
2，3，5～8，10，11	DIG0～DIG7	8 位 LED 位选线
4，9	GND	地线（4 脚和 9 脚必须同时接地）
12	LOAD ($\overline{CS}$)	装载数据输入端。连续输入的 16 位数据，在 LOAD 端的上升沿被锁定
13	CLK	串行时钟输入端，最大速率为 10MHz。在时钟的上升沿，数据移入内部移位寄存器；下降沿时，数据从 DOUT 端输出
14～17，20～23	SEG A～SEG G,SEG DP	7 段和小数点驱动
18	ISET	通过一个电阻器连接到 V_{DD}，控制显示亮度
19	V+	正极电压输入，+5V
24	DOUT	串行数据输出端。当使用多个 MAX7219 时用此端扩展

（2）MAX7219 寄存器功能

MAX7219 每一个 LOAD 信号接收一次 16 位串行数据，标记为 D15～D0。其中，低 8 位表示显示数据，最高 4 位 D15～D12 未使用，D11～D8 为内部寻址寄存器，如表 4.16 所示。

表 4.16 16 位串行数据格式

D15	D14	D13	D12	D11	D10	D9	D8	D7	D6	D5	D4	D3	D2	D1	D0
X	X	X	X	内部寻址寄存器				显示数据							

如表 4.17 所示，MAX7219 内部有 14 个可寻址寄存器（8 个数字寄存器和 6 个控制寄存器），可实现译码方式设置、亮度调整、扫描位数、睡眠模式、显示测试和数字寄存器等功能。

表 4.17 MAX7219 内部寻址寄存器

寄存器	地址					地址代码
	D15～D12	D11	D10	D9	D8	
无操作	X	0	0	0	0	0x00
数据 0	X	0	0	0	1	0x01
数据 1	X	0	0	1	0	0x02
数据 2	X	0	0	1	1	0x03
数据 3	X	0	1	0	0	0x04
数据 4	X	0	1	0	1	0x05
数据 5	X	0	1	1	0	0x06
数据 6	X	0	1	1	1	0x07
数据 7	X	1	0	0	0	0x08
译码方式	X	1	0	0	1	0x09
亮度调整	X	1	0	1	0	0x0A
扫描位数	X	1	0	1	1	0x0B
睡眠模式	X	1	1	0	0	0x0C
显示测试	X	1	1	1	1	0x0F

译码方式设置：对低 8 位数据进行 B 型 BCD 译码（用于共阴数码管）或不译码（用于点阵），数据 0x00 表示不译码。

亮度调整：显示亮度除硬件控制（V+脚与 ISET 脚之间加一个外部电阻器）外，还可以通过亮度寄存器控制。MAX7219 内部的脉宽调制器受亮度寄存器数据低 4 位控制，从 0x00 到 0x0F 分别对应 1/32、3/32、5/32…29/32、31/32，共 16 种输出脉冲占空比，形成 16 级亮度调整。寄存器数据越小，占空比越小，亮度越暗。

扫描位数：设定扫描显示器的个数（位选个数），根据显示器个数可以确定扫描速率，8 个显示器的扫描速率为 800Hz。在 8×8 点阵显示中，显示器个数固定为 8 个，数据代码为 0x07。

睡眠模式：用于节省电源消耗，延长显示器的使用寿命。寄存器数据最低位 D0=0 时，为睡眠模式；D0=1 时，为正常操作模式。

显示测试：显示测试寄存器有正常和测试两种设定模式。寄存器数据最低位 D0=0 时，为正常模式；D0=1 时，为测试模式。测试模式以 31/32 占空比扫描全部数段，使得显示器的所有段以最大的亮度点亮。

数字寄存器：数字寄存器 0~7 对应 8 个位选地址，数据 D7~D0 为显示数据。

使用内部寻址寄存器，需先发送一个寄存器的地址代码，再根据设定内容发送数据。如设定译码方式为不译码，先发送译码方式地址代码 0x09，再发送数据 0x00。

（3）MAX7219 工作时序

MAX7219 采用串行接口方式，只需 LOAD、DIN、CLK 3 个引脚便可实现数据传送。DIN 引脚上的 16 位串行数据，在每个 CLK 的上升沿被送入内部 16 位移位寄存器中。程序控制如下。

```
Max7219_CLK=0;
Max7219_DIN=dat;              //dat：串行数据
Max7219_CLK=1;
```

当 16 位串行数据全部进入内部移位寄存器后，LOAD 引脚发送一个上升沿，将数据保存到数字或控制寄存器中。参考程序如下。

```
void Write_Max7219(uchar address,uchar dat)
{
    Max7219_LOAD=0;           //LOAD 上升沿准备
    byte_send(address);       //写入寄存器地址
    byte_send(dat);           //写入数据（MAX7219 8 位串行数据传输函数）
    Max7219_LOAD=1;           //上升沿触发
}
```

如扫描第 2 行（数据寄存器地址代码为 0x02），显示 0xD2 数据时，调用函数如下。

```
Write_Max7219(0x02, 0xD2);
```

微课堂

4.3.3　使用取模软件

完成 8×8 点阵图形、符号或汉字的显示，需要 8 次扫描、8 组数据。　使用取模软件
该数据可以通过 8×8 点阵取模软件获取，如图 4.16 所示。

步骤 1：引脚设置。确定点阵类型，通过"共阴/共阳"按钮可以切换极性。引脚设置中显示"点阵：H 高 L 低 有效"表示段码端高电平有效，为共阴点阵；显示"点阵：H 低 L 高 有效"表示段码端低电平有效，为共阳点阵。图 4.16 所示为共阴点阵类型。

步骤 2：数据获取。在点阵框内用鼠标绘制要显示的图形或文字，完成后单击"生成数组"按钮，生成如图 4.17 所示的数据获取界面。根据 LED 点阵接口电路可知，该 8×8 点阵以行为单位进行扫描，则选取 TableH 数组中的数据。

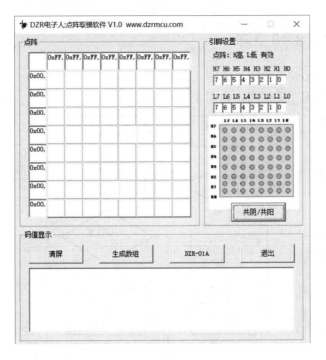

图 4.16　取模软件界面

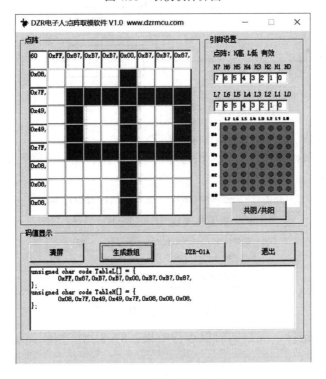

图 4.17　数据获取界面

4.3.4　编程显示 8×8 点阵

步骤 1：绘制实验电路图，如图 4.14 所示。

步骤 2：编制程序流程图，如图 4.18 所示。

编程显示 8×8 点阵

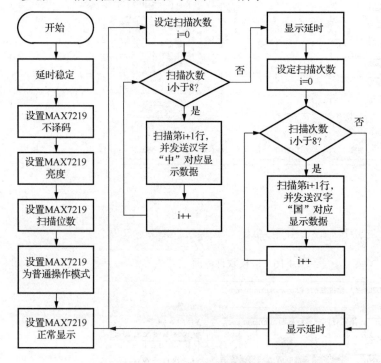

图 4.18　程序流程图

步骤 3：编写程序，编译并输出 .hex 文件。

步骤 4：单片机程序烧录。单片机程序烧录时，IRC 频率设置为 12MHz，如图 4.19 所示。

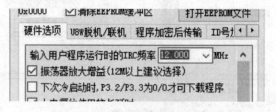

图 4.19　程序烧录 IRC 设置

步骤 5：脱机运行，观察实验板运行效果。8×8 点阵循环显示"中""国"两个汉字。

参考程序如下。

```
#include <STC8.H>
```

```c
#define uint unsigned int              //对数据类型进行声明定义
#define uchar unsigned char

sbit Max7219_CLK = P3^5;               //定义 IO 口名称
sbit Max7219_LOAD = P3^6;
sbit Max7219_DIN = P3^7;

uchar code Disp1[]={0x08,0x7F,0x49,0x49,0x7F,0x08,0x08,0x08};
                                       //汉字"中"取模数据
uchar code Disp2[]={0x7F,0x5D,0x49,0x5D,0x4D,0x4B,0x5D,0x7F};
                                       //汉字"国"取模数据

/**********************MAX7219 延时函数*************************/
void Delay(uint x)
{
    uint i,j;
    for(i=x;i>0;i--)
        for(j=600;j>0;j--);
}
/**********************字节发送函数*************************/
void byte_send(uchar byte)
{
    uchar i;
    for(i=0;i<8;i++)                   //串口传送 1 字节需要 8 次
    {
        Max7219_CLK=0;
        Max7219_DIN=byte>>7;           //取最高位送出
        byte<<=1;                      //将下一位送出的数据移位到最高位
        Max7219_CLK=1;                 //上升沿数据读取
    }
}
/**********************MAX7219 写数据函数*************************/
void Write_Max7219(uchar address,uchar dat)
{
    Max7219_LOAD=0;                    //LOAD 上升沿准备
    byte_send(address);                //写入寄存器地址
    byte_send(dat);                    //写入数据
    Max7219_LOAD=1;                    //上升沿触发
}
/**********************MAX7219 初始化函数*************************/
void Init_MAX7219()
{
    Write_Max7219(0x09,0x00);          //译码方式：不译码
```

```
    Write_Max7219(0x0a,0x03);         //亮度:5/32 占空比
    Write_Max7219(0x0b,0x07);         //扫描位数：8 个
    Write_Max7219(0x0c,0x01);         //普通操作模式
    Write_Max7219(0x0f,0x00);         //正常显示
}
/*********************主函数***************************/
void main()
{
    uchar i;
    Delay(50);
    Init_MAX7219();                   //MAX7219 初始化
    while(1)
    {
        for(i=0;i<8;i++)              //位选 8 次
            Write_Max7219(i+1,Disp1[i]);    //依次发送"中"字对应的段码
        Delay(2000);                  //显示延时
        for(i=0;i<8;i++)              //位选 8 次
            Write_Max7219(i+1,Disp2[i])     //依次发送"国"字对应的段码
        Delay(2000);                  //显示延时
    }
}
```

4.3.5 编程显示 4 个级联点阵

编程显示 4 个级联点阵

一个 8×8 点阵 LED 显示内容有限，工程应用时常常需要同时显示多个数字或汉字，MAX7219 驱动芯片提供了非常方便的级联方式，可由一个单片机同时驱动多个点阵 LED，具体操作步骤如下。

步骤 1：绘制实验原理图，如图 4.20 所示，只需将前一个 MAX7219 驱动芯片 24 脚 DOUT 与下一级芯片 1 脚 DIN 连接即可实现。

步骤 2：编制程序流程图，如图 4.21 所示。

步骤 3：编写程序，编译并输出 .hex 文件。

为简化数组定义，在使用级联点阵显示内容时，常用二维数组定义显示数据，现作简要说明。二维数组定义如下。

数据类型 数组名[sizeA][sizeB];

与一维数组相比，二维数组多一维 sizeA，表示数组个数，如在级联点阵中定义数组：

unsigned char Disp[4][8]={   };

表示 Disp 数组中含有 4 个点阵的显示内容，每个点阵有 8 个显示数据。

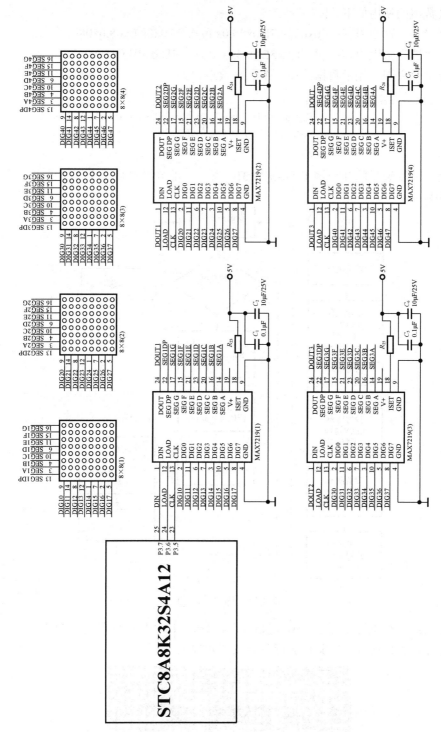

图4.20　4个点阵级联原理图

二维数组的使用如下。

汉字"中"数组内容：{0x08,0x7F,0x49,0x49,0x7F,0x08,0x08,0x08}；

汉字"国"数组内容：{0x7F,0x5D,0x49,0x5D,0x4D,0x4B,0x5D,0x7F}；

将汉字"中国"显示数据放在一个二维数组中。

```
uchar code Disp[2][8]={
                {0x08,0x7F,0x49,0x49,0x7F,0x08,0x08,0x08},//中
                {0x7F,0x5D,0x49,0x5D,0x4D,0x4B,0x5D,0x7F}  //国
                };
```

数组之间用逗号隔开，调用 Disp[1][3]：表示二维数组中第 2 个汉字的第 4 个显示数据 0x5D。

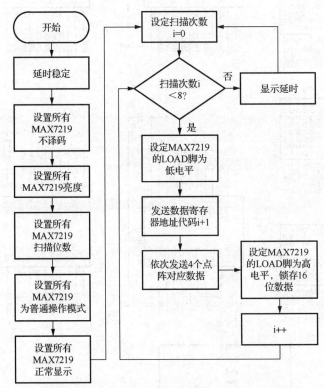

图 4.21　程序流程图

步骤 4：单片机程序烧录。单片机程序烧录时，IRC 频率设置为 12MHz。

步骤 5：脱机运行，实验板运行效果如图 4.22 所示。

图 4.22　实验板运行效果图

参考程序如下。

```c
#include <STC8.H>
#include <intrins.h>

#define uint unsigned int          //对数据类型进行声明定义
#define uchar unsigned char

#define count 4                    //4个点阵级联

sbit Max7219_CLK = P3^5;           //定义IO口名称
sbit Max7219_LOAD = P3^6;
sbit Max7219_DIN = P3^7;

uchar code Disp[4][8]={{0x00,0x38,0x10,0x10,0x10,0x10,0x10,0x38},
                       //字符"I"取模数据
                {0x00,0x66,0xFF,0xFF,0xFF,0x7E,0x3C,0x18},
                       //爱心图形取模数据
                {0x08,0x7F,0x49,0x49,0x7F,0x08,0x08,0x08},
                       //汉字"中"取模数据
                {0x7F,0x5D,0x49,0x5D,0x4D,0x4B,0x5D,0x7F}};
                       //汉字"国"取模数据
/************************MAX7219延时函数************************/
void Delay(uint x)
{
    uint i,j;
    for(i=x;i>0;i--)
        for(j=600;j>0;j--);
}
/************************字节发送函数************************/
void byte_send(uchar byte)
{
    uchar i;
    for(i=0;i<8;i++)                //串口传送1字节需要8次
    {
        Max7219_CLK=0;
        Max7219_DIN=byte>>7;        //取最高位送出
        byte<<=1;                   //将下一位送出的数据移位到最高位
        Max7219_CLK=1;              //上升沿数据读取
    }
}
/************************MAX7219初始化函数************************/
void Init_MAX7219()
{
    uchar i;

    Max7219_LOAD=0;                 //LOAD上升沿准备
    for(i=0;i<count;i++)            //4个点阵译码方式设置
```

```
    {
        byte_send(0x09);                    //发送译码寄存器地址代码
        byte_send(0x00);                    //译码方式：不译码
    }
    Max7219_LOAD=1;
    _nop_();

    Max7219_LOAD=0;                         //LOAD 上升沿准备
    for(i=0;i<count;i++)                    //4 个点阵亮度设置
    {
        byte_send(0x0a);                    //发送亮度寄存器地址代码
        byte_send(0x03);                    //亮度:5/32 占空比
    }
    Max7219_LOAD=1;                         //上升沿触发
    _nop_();

    Max7219_LOAD=0;                         //LOAD 上升沿准备
    for(i=0;i<count;i++)                    //4 个点阵扫描位数设置
    {
        byte_send(0x0b);                    //发送扫描位数寄存器地址代码
        byte_send(0x07);                    //扫描位数；8 个
    }
    Max7219_LOAD=1;                         //上升沿触发
    _nop_();

    Max7219_LOAD=0;                         //LOAD 上升沿准备
    for(i=0;i<count;i++)                    //4 个点阵睡眠模式设置
    {
        byte_send(0x0c);                    //发送睡眠模式寄存器地址代码
        byte_send(0x01);                    //普通操作模式
    }
    Max7219_LOAD=1;                         //上升沿触发
    _nop_();

    Max7219_LOAD=0;                         //LOAD 上升沿准备
    for(i=0;i<count;i++)                    //4 个点阵显示测试设置
    {
        byte_send(0x0f);                    //发送显示测试寄存器地址代码
        byte_send(0x00);                    //正常显示
    }
    Max7219_LOAD=1;                         //上升沿触发
    _nop_();
}
/************************主函数********************************/
void main()
{
    uchar i,j;
```

```
Delay(50);                      //延时稳定
Init_MAX7219();                 //MAX7219 初始化
while(1)
{
    for(i=0;i<8;i++)            //位选 8 次
    {
        Max7219_LOAD=0;        //LOAD 上升沿准备
        for(j=0;j<count;j++)   //点阵个数
        {
            byte_send(i+1);    //发送数据寄存器地址代码
            byte_send(Disp[j][i]);
            //j：第 j 个汉字；i：汉字代码中第 i 行显示数据
            _nop_();
        }
        Max7219_LOAD=1;        //上升沿触发
    }
    Delay(2000);
}
}
```

学生工作页

工作 1：回顾 MAX7219 引脚功能

学生		时间	
引脚名称	功能描述	评价	
DIN			
LOAD			
CLK			
DOUT			

工作 2：修改点阵显示程序

学生			时间	
编程实现	修改的语句	显示记录	评价	
使用单个 8×8 点阵显示"文明"				
使用 4 个点阵级联显示"民主文明"				
使用 2 个点阵级联显示"自由"				

任 务 小 结

通过基于单片机控制 LED 点阵显示的学习，认识点阵类型及显示原理；会使用取模软件获取显示数据，能利用 MAX7219 芯片进行串口通信，完成单个点阵或多个点阵级联显示。

项 目 小 结

在本项目中认识了 LCD1602、LCD12864 和 LED 点阵显示模组，用户可以根据需求选择最合适的显示方式。

液晶显示屏常用指令不需要死记硬背，每种液晶显示屏都有其数据手册，重要的是学会查看手册并能根据自己的需求设定显示屏。

LCD12864 有串、并行两种传输方式，各具优缺点，需要掌握串、并行传输硬件设定和数据传输软件编程的方法。

取模软件是编程驱动点阵显示的辅助工具，要学会使用各种类型的取模软件辅助点阵完成汉字、图形等数据的提取。

知 识 巩 固

1. 描述 LCD1602 中 RS、RW 和 EN 的引脚功能。
2. LCD1602 中的 16 和 02 分别表示什么含义？
3. 描述 LCD1602 接口电路中，VL 脚所接电位器的作用。
4. ASCII 码表的作用是什么？
5. LCD12864 都能实现哪些功能？
6. LCD12864 串并行传输方式由哪个引脚决定？并说明具体设置方法。
7. LCD12864 字符显示 RAM 地址与字符显示位置的关系是什么？
8. 画出 LCD12864 采用并行传输方式与单片机通信的电路结构图。
9. 绘制共阴 8×8 点阵的结构原理图。
10. 简述 MAX7219 芯片的作用。
11. 描述 MAX7219 芯片 DIN、LOAD 和 CLK 的引脚功能。
12. 简述二维数组的定义方法及其含义。

项目 5

制作电子密码锁

 项目说明

电子密码锁在日常生活中应用广泛，如超市和浴室的储物柜、家用保险柜和门锁等。常用的电子密码锁以芯片为核心，通过程序控制机械开关的闭合，具有保密性好、编码量多、密码可变、操作简单和人机交互界面良好等优点。

本项目通过对矩阵键盘（密码输入）和 EEPROM（密码保护）两个任务的学习，结合液晶显示屏完成具有密码输入、外部显示功能的电子密码锁的制作；体会项目规划编程，建立模块化编程的思想。

 知识目标

- 了解矩阵键盘电路结构及工作原理。
- 认识 EEPROM 相关寄存器及操作方法。
- 掌握模块化编程的方法。

 技能目标

- 会编写矩阵键盘和 EEPROM 程序。
- 会运用模块化编程方法编写电子密码锁程序。

任务 5.1　识别矩阵键盘

任务描述

键盘作为人机交互的重要组成部分，在生活中应用非常广泛。本任务从矩阵键盘电路结构入手，认识矩阵键盘工作原理，学习两种矩阵键盘的识别方法，利用单片机完成矩阵键盘识别和显示。

任务目标

● 会分析矩阵键盘电路。
● 掌握矩阵键盘的识别方法。
● 编程实现矩阵键盘的识别和显示。

微课堂

5.1.1　分析矩阵键盘电路

分析矩阵键盘电路

矩阵键盘又称行列扫描键盘，是将多个独立按键按照行列结构组合起来的整体键盘，可以减少单片机 IO 口的占用。

1. 矩阵键盘电路结构

矩阵键盘有 3×3、4×4、5×5 等多种组合类型。4×4 矩阵键盘是将 16 个按键以 4 行 4 列的组合形式进行排列，每行按键的一端相连引出接口，每列按键的另一端相连引出接口，如图 5.1 所示，共占用单片机 8 个 IO 口进行识别。

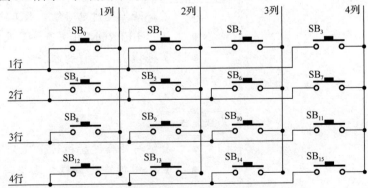

图 5.1　4×4 矩阵键盘电路结构图

2. 矩阵键盘识别

（1）扫描识别

以行为扫描方向，将第 1 行所接 IO 口设为低电平（其他 7 个接口都为高电平），此时只有第 1 行的 4 个按键变为有效独立按键。检测列信号，若没有信号变化，表示第 1 行 4 个按键未按下；若有信号变化（从高电平变为低电平），表示第 1 行该列所对应的按键已按下。用同样的方法，依次扫描第 2 行、第 3 行和第 4 行，完成 16 个按键的全部扫描。4×4 矩阵键盘扫描识别的参考程序如下，接口电路如图 5.2 所示。

```
P2=0xfe;                        //扫描第 1 行
temp = P2;                      //获取列信号
switch(temp)
{
    case 0xee:key=1;break;      //P2.4 为低电平，即第 1 列发生信号变化，
                                //表示第 1 个按键按下
    case 0xde:key=2;break;      //P2.5 为低电平，表示第 2 个按键按下
    case 0xbe:key=3;break;      //P2.6 为低电平，表示第 3 个按键按下
    case 0x7e:key=4;break;      //P2.7 为低电平，表示第 4 个按键按下
    default: break;
}
P2=0xfd;                        //扫描第 2 行
temp = P2;                      //获取列信号
switch(temp)
{
    case 0xed:key=5;break;      //P2.4 为低电平，表示第 5 个按键按下
    case 0xdd:key=6;break;      //P2.5 为低电平，表示第 6 个按键按下
    case 0xbd:key=7;break;      //P2.6 为低电平，表示第 7 个按键按下
    case 0x7d:key=8;break;      //P2.7 为低电平，表示第 8 个按键按下
    default: break;
}
P2=0xfb;                        //扫描第 3 行
temp = P2;                      //获取列信号
switch(temp)
{
    case 0xeb:key=9;break;      //P2.4 为低电平，表示第 9 个按键按下
    case 0xdb:key=10;break;     //P2.5 为低电平，表示第 10 个按键按下
    case 0xbb:key=11;break;     //P2.6 为低电平，表示第 11 个按键按下
    case 0x7b:key=12;break;     //P2.7 为低电平，表示第 12 个按键按下
    default: break;
}
P2=0xf7;                        //扫描第 4 行
temp = P2;                      //获取列信号
switch(temp)
{
    case 0xe7:key=13;break;     //P2.4 为低电平，表示第 13 个按键按下
    case 0xd7:key=14;break;     //P2.5 为低电平，表示第 14 个按键按下
    case 0xb7:key=15;break;     //P2.6 为低电平，表示第 15 个按键按下
    case 0x77:key=16;break;     //P2.7 为低电平，表示第 16 个按键按下
    default: break;
}
```

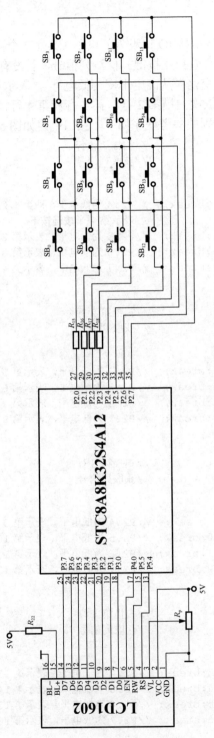

图 5.2　矩阵键盘查找识别接口电路图

（2）查找识别

查找识别法是通过查找按键所在行和列，完成键盘识别。将所有行输出接口设为高电平，所有列输出接口设为低电平，获取按键信号，若某一行信号发生变化（从高电平变为低电平），说明该行有按键按下，由此确定按键所在行。再将接口信号更新为所有列输出接口为高电平，所有行输出接口为低电平，若某一列信号发生变化（从高电平变为低电平），说明该列有按键按下，由此确定按键所在列。4×4 矩阵键盘查找识别的参考程序如下，接口电路如图 5.2 所示。

```
uchar code key[ ]={0xee,0xde,0xbe,0x7e,
                   0xed,0xdd,0xbd,0x7d,
                   0xeb,0xdb,0xbb,0x7b,
                   0xe7,0xd7,0xb7,0x77};      //键盘编码
void key_scan( )
{
   uchar buffer,key1,key2,i=0;
   P2 = 0x0f;                 //设置键盘所有行为高电平，所有列为低电平
   Delay(1);
   key1 = P2;                 //获取按键信息
   if(key1 != 0x0f)           //若有按键按下
   {
      Delay(5);               //去抖
      key1 = P2;              //获取按键信号，若有按键按下，保存按键行信息
      if(key1 != 0x0f)        //再次确认是否有按键按下
      {
         P2 = 0Xf0;           //设置键盘所有行为低电平，所有列为高电平
         Delay(1);            //延时
         key2 = P2;           //获取按键列信息
         buffer = key1 | key2;    //获取按键编码
         while((i<16)&&(buffer != key[i]))
         {
            i++;              //将按下的按键编码与键盘编码数据一一比对
         }
         key_num = i;         //获取按键数值
      }while(key1 != 0xf0)              //等待按键释放
      {
         P2 = 0xf0;
         key1 = P2;
      }
   }
}
```

键盘编码数据根据查找识别法的思路获取，即按键所在行接口和列接口为低电平，其他接口都为高电平。如 SB_5 按键在第 2 行（P2.1）第 2 列（P2.5），则对应编码为 0xbb。

编程识别矩阵键盘

5.1.2　编程识别矩阵键盘

步骤 1：绘制矩阵键盘查找识别接口电路图，如图 5.2 所示。

步骤 2：编制程序流程图，如图 5.3 所示。

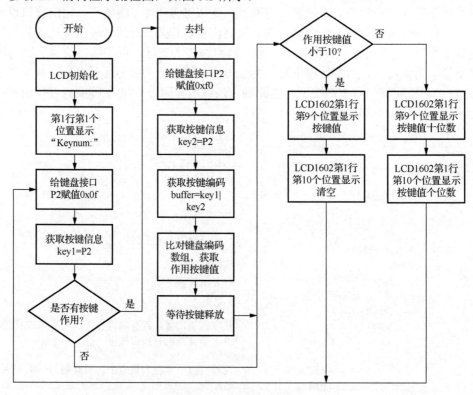

图 5.3　程序流程图

步骤 3：编写程序，编译并输出.hex 文件。

步骤 4：单片机程序烧录。

步骤 5：脱机运行，观察实验板运行效果。

LCD1602 第 1 行显示"Keynum:"，当矩阵键盘中有按键按下，在"Keynum:"字符后面会显示按键号（在实验板上有对应的键号）；不同的按键按下，显示的数值（键号）也随之变化。

参考程序如下。

```
#include <STC8.H>

#define uint unsigned int          //对数据类型进行声明定义
#define uchar unsigned char

#define LCD1602_DATAPINS P3         //定义P3口名称为LCD1602_DATAPINS
sbit LCD1602_E=P4^0;               //定义IO口名称
sbit LCD1602_RW=P5^5;
sbit LCD1602_RS=P5^4;

uchar key_num;                      //存储按键值
```

```
uchar code key[]={0xee,0xde,0xbe,0x7e,
              0xed,0xdd,0xbd,0x7d,
              0xeb,0xdb,0xbb,0x7b,
              0xe7,0xd7,0xb7,0x77};   //键盘编码
uchar code Disp[]={"Key num:"};
/*********************延时函数***************************/
void Delay(uint c)
{
    uchar a,b;
    for (; c>0; c--)
    {
        for (b=199;b>0;b--)
        {
            for(a=20;a>0;a--);
        }
    }
}
/*********************LCD1602 写指令函数***********************/
void LcdWriteCom(uchar com)
{
    LCD1602_RS = 0;                //选择发送命令
    LCD1602_RW = 0;                //选择写入
    LCD1602_E = 0;                 //使能清零

    LCD1602_DATAPINS = com;        //写入命令
    Delay(2);                      //等待数据稳定

    LCD1602_E = 1;                 //写入时序
    Delay(5);                      //保持时间
    LCD1602_E = 0;
}
/*********************LCD1602 写数据函数***********************/
void LcdWriteData(uchar dat)
{
    LCD1602_RS = 1;            //选择输入数据
    LCD1602_RW = 0;            //选择写入
    LCD1602_E = 0;            //使能清零

    LCD1602_DATAPINS = dat;    //写入数据
    Delay(2);                  //等待数据稳定

    LCD1602_E = 1;            //写入时序
    Delay(5);                //保持时间
    LCD1602_E = 0;
}
/*********************LCD1602 字符显示函数***********************/
void LcdDis(uchar row,uchar column,uchar *p)
{
```

```
    if(row==1)                                //如果写入字符在第1行
        LcdWriteCom(0x80+column-1);  //发送数据指针为0x80+column-1
    else                                      //如果写入字符不在第1行
        LcdWriteCom(0xC0+column-1);  //发送数据指针为0xC0+column-1
    while(*p!='\0')                           //依次发送数组字符进行显示
    {
        LcdWriteData(*p);
        p++;
    }
}
/*********************LCD1602初始化函数*************************/
void LcdInit()
{
    LcdWriteCom(0x38);        //开显示
    LcdWriteCom(0x0c);        //开显示不显示光标
    LcdWriteCom(0x06);        //写一个指针加1
    LcdWriteCom(0x01);        //清屏
}
/********************键盘扫描函数***********************/
void key_scan()
{
    uchar buffer,key1,key2,i=0;
    P2 = 0x0f;                //设置键盘所有行为高电平，所有列为低电平
    Delay(1);
    key1 = P2;                //获取按键信号
    if(key1 != 0x0f)          //若有按键按下
    {
        Delay(5);             //去抖
        key1 = P2;            //获取按键信息，若有按键按下，保存按键行信息
        if(key1 != 0x0f)      //再次确认是否有按键按下
        {
            P2 = 0Xf0;        //设置键盘所有行为低电平，所有列为高电平
            Delay(1);         //延时
            key2 = P2;        //获取按键列信息
            buffer = key1 | key2;    //获取按下的按键编码
            while((i<16)&&(buffer != key[i]))
            {
                i++;                 //将按下的按键编码与键盘编码数组一一比对
            }
            key_num = i;      //获取按下的按键数值
        }while(key1 != 0xf0)  //等待按键释放
        {
            P2 = 0xf0;
            key1 = P2;
        }
    }
```

```
}
/************************主函数***************************/
void main(void)
{
    LcdInit();
    LcdDis(1,1,Disp);              //在LCD1602第1行顶格显示"Key num:"
    while(1)
    {
        key_scan();                //键盘扫描
        if(key_num<10)             //当按键数值小于10
        {
            LcdWriteCom(0x88);            //设置显示位置为第1行第9个字符
            LcdWriteData(0x30+key_num); //显示按键数值，0x30+key_num是
                                         //将按键数值转换为ASCII码值
            LcdWriteCom(0x89);            //设置显示位置为第1行第10个字符
            LcdWriteData(0x20);          //对于10以内的键盘号，十位显示位清空
                                         //0x20在ASCII码表中表示为空符号
        }
        else
        {
            LcdWriteCom(0x88);       //设置显示位置为第1行第9个字符
            LcdWriteData(0x30+key_num/10); //key_num/10表示取键盘号的十位
            LcdWriteCom(0x89);       //设置显示位置为第1行第10个字符
            LcdWriteData(0x30+key_num%10);
                        //key_num%10表示取键盘号的个位
        }
    }
}
```

学生工作页

工作1：回顾矩阵键盘

学生		时间	
知识内容	描述	评价	
4×4矩阵键盘电路结构图			
扫描识别法流程			
查找识别法流程			
比较独立按键的异同			

工作 2：修改矩阵键盘应用程序

学生			时间	
编程实现	修改的语句	显示记录	评价	
键盘号 10～15 在 LCD1602 上的显示修改为 A～F				
当按键 15 按下时，显示 "Welcome！"				

任 务 小 结

通过分析 4×4 矩阵键盘电路结构图，能运用扫描识别法或查找识别法完成对矩阵键盘的识别，编程实现 LCD1602 键值显示。

任务 5.2　读写 EEPROM

任务描述

EEPROM 的功能为掉电数据保存，常用于需要长期保存数据的场合，如里程表的行驶里程等。

本任务通过学习 EEPROM 相关寄存器及 EEPROM 操作指令，实现单片机控制 EEPROM 数据的读写编程。

任务目标

● 了解 EEPROM 的作用。
● 了解单片机内置 EEPROM 操作的相关寄存器。
● 编程实现 EEPROM 数据读写操作。

5.2.1　分析 EEPROM 及相关寄存器

EEPROM 是带电可擦可编程只读存储器的简称，具有断电后数据不丢失的特点，通常在单片机系统中用于数据掉电保存，如用户设置、采样数据等。STC8A8K32S4A12 单片机内置的 EEPROM，以字节为单位进行读/写数据，以 512 字节为页单位进行擦除，可在线反复编程擦写 10 万次以上，使用灵活、方便。

1. EEPROM 相关寄存器

EEPROM 相关寄存器有数据寄存器 IAP_DATA、地址寄存器、命令寄存器、触发寄存器和控制寄存器。

1）数据寄存器 IAP_DATA 格式见表 5.1。

表 5.1　数据寄存器 IAP_DATA 格式

符号	D7	D6	D5	D4	D3	D2	D1	D0
IAP_DATA				DAT[7:0]				

在进行 EEPROM 读操作时，读出的数据保存在 IAP_DATA 寄存器中；在进行 EEPROM 写操作时，写入 EEPROM 的数据必须先存放在 IAP_DATA 寄存器中，再发送写入命令。

2）地址寄存器格式见表 5.2。

表 5.2　地址寄存器格式

符号	D7	D6	D5	D4	D3	D2	D1	D0
IAP_ADDRH				ADDR[15:8]				
IAP_ADDRL				ADDR[7:0]				

EEPROM 进行读、写、擦除操作的目标地址寄存器。IAP_ADDRH 保存地址的高字节，IAP_ADDRL 保存地址的低字节。

3）命令寄存器格式见表 5.3。

表 5.3　命令寄存器格式

符号	D7	D6	D5	D4	D3	D2	D1	D0
IAP_CMD	×	×	×	×	×	×	CMD[1:0]	

CMD[1:0]=00：空操作。

CMD[1:0]=01：读 EEPROM 命令。读取目标地址所在的 1 字节。

CMD[1:0]=10：写 EEPROM 命令。在目标地址中写入数据，1 字节。

CMD[1:0]=11：擦除 EEPROM。擦除目标地址所在的 1 页（1 扇区 512 字节）。

4）触发寄存器格式见表 5.4。

表 5.4　触发寄存器格式

符号	D7	D6	D5	D4	D3	D2	D1	D0
IAP_TRIG				TRIG[7:0]				

每次对 EEPROM 进行读、写、擦除操作时，都必须在设置好命令寄存器、地址寄存器、数据寄存器以及控制寄存器之后，依次向触发寄存器写入 0x5a、0xa5（顺序不能交换）两个指令来触发相应的读、写、擦除操作。

5）控制寄存器格式见表 5.5。

表 5.5　控制寄存器格式

符号	D7	D6	D5	D4	D3	D2	D1	D0
IAP_CONTR	IAPEN	SWBS	SWRST	CMD_FAIL	X	IAP_WT[2:0]		

IAPEN=0：禁止 EEPROM 操作。　　　　　IAPEN=1：使能 EEPROM 操作。

SWBS=0：软件复位后从用户代码开始执行程序。

SWBS=1：软件复位后从系统 ISP 监控代码区开始执行程序。

SWRST=0：无动作。　　　　　　　　　　SWRST=1：产生软件复位。

CMD_FAIL=0：EEPROM 操作正常。　　　CMD_FAIL=1：EEPROM 操作失败。

IAP_WT[2:0]：设置 EEPROM 操作的等待时间，其具体时间见表 5.6。

表 5.6　EEPROM 操作等待时间

IAP_WT[2:0]			读字节 （2 个时钟）	写字节 （约 55μs）	擦除扇区 （约 21ms）	时钟频率/MHz
0	0	0	2 个时钟	1760 个时钟	672384 个时钟	≥30
0	0	1	2 个时钟	1320 个时钟	504288 个时钟	≥24
0	1	0	2 个时钟	1100 个时钟	420240 个时钟	≥20
0	1	1	2 个时钟	660 个时钟	252144 个时钟	≥12
1	0	0	2 个时钟	330 个时钟	126072 个时钟	≥6
1	0	1	2 个时钟	165 个时钟	63036 个时钟	≥3
1	1	0	2 个时钟	110 个时钟	42024 个时钟	≥2
1	1	1	2 个时钟	55 个时钟	21012 个时钟	≥1

IAP_WT[2:0]的具体数值可以根据系统时钟设定，如系统时钟为 24MHz，可设定 IAP_WT[2:0]=001。

2. EEPROM 操作流程

步骤 1：设置控制寄存器 IAP_CONTR。

使能 EEPROM 操作，SWRST 无动作，EEPROM 操作状态为正常。根据系统时钟选定 EEPROM 操作等待时间，如系统时钟为 24MHz，则指令输入 IAP_CONTR=0x81。

步骤 2：设置命令寄存器 IAP_CMD，根据操作方式发送寄存器数据。

读 EEPROM：IAP_CMD=1。

写 EEPROM：IAP_CMD=2。

擦除 EEPROM：IAP_CMD=3。

步骤 3：设置地址寄存器。将读、写、擦除的地址发送至 IAP_ADDRH（高 8 位）和 IAP_ADDRL（低 8 位）中。

步骤 4：发送存储数据至数据寄存器 IAP_DATA 中（仅写 EEPROM 操作有该步骤）。

步骤 5：依次发送 0x5a、0xa5 至触发寄存器 IAP_TRIG 中。

步骤 6：延时等待。

步骤 7：获取数据寄存器 IAP_DATA 中的数据（仅读 EEPROM 操作有该步骤）。

步骤 8：关闭 EEPROM 功能。

（1）读 EEPROM 参考程序

读 EEPROM 参考程序内容如下。

```
uchar EEPROM_read(uint addr)
{
    uchar dat;
    IAP_CONTR = 0X81;
                                //使能 EEPROM 操作，设定 EEPROM 操作等待时间
    IAP_CMD   = 1;              //设置 EERPOM 为读指令
    IAP_ADDRH = addr>>8;        //设置 EERPOM 高地址
    IAP_ADDRL = addr;           //设置 EERPOM 低地址
    IAP_TRIG  = 0x5a;           //触发读指令
    IAP_TRIG  = 0xa5;
    _nop_();_nop_();_nop_();    //等待读数据完成
    dat= IAP_DATA;              //存储读取的数据至 dat 变量中
    EepromIdle();               //关闭 EERPOM 功能
    return dat;                 //返回读取数据 dat
}
```

（2）写 EEPROM 参考程序

在写数据之前，需要把该地址的内容进行擦除，再写入需保存的数据。

```
void EEPROM_eraser(uint addr)    //EEPROM 擦除操作
{
    IAP_CONTR = 0X81;
                                //使能 EEPROM 操作，设定 EEPROM 操作等待时间
    IAP_CMD   = 3;              //设置 EERPOM 为擦除指令
    IAP_ADDRH = addr>>8;        //设置 EERPOM 高地址
    IAP_ADDRL = addr;           //设置 EERPOM 低地址
    IAP_TRIG  = 0x5a;           //触发擦除指令
    IAP_TRIG  = 0xa5;
    _nop_();_nop_();_nop_();    //等待擦除完成
    EepromIdle();               //关闭 EEPROM
}

void EEPROM_write(uint addr,uchar dat)    //EEPROM 擦除操作
{
```

```
    IAP_CONTR = 0X81;
                            //使能 EEPROM 操作，设定 EEPROM 操作等待时间
    IAP_CMD   = 2;          //设置 EERPOM 为写指令
    IAP_ADDRH = addr>>8;    //设置 EERPOM 高地址
    IAP_ADDRL = addr;       //设置 EERPOM 低地址
    IAP_DATA  = dat;        //发送存储数据
    IAP_TRIG  = 0x5a;       //触发写指令
    IAP_TRIG  = 0xa5;
    _nop_();_nop_();_nop_();    //等待写数据完成
    EepromIdle();              //关闭 EERPOM 功能
}
```

由于 EEPROM 擦除操作是按扇区进行（1 扇区 512 字节），所以同一次修改的数据可以放在 1 个扇区中；不同时修改的数据要放在不同的扇区中。

其中 EepromIdle( )为关闭 EEPROM 函数，其具体程序内容如下。

```
    void EepromIdle()
    {
        IAP_CONTR = 0;          //关闭 EERPOM 操作
        IAP_CMD   = 0;          //设定 EEPROM 为空操作
        IAP_TRIG  = 0;          //清除触发寄存器
        IAP_ADDRH = 0X80;       //将地址设置到非 EEPROM 区域
        IAP_ADDRL = 0;
    }
```

微课堂

5.2.2 编程读写 EEPROM

步骤 1：绘制 EEPROM 读写原理图，如图 5.4 所示。   编程读写 EEPROM

步骤 2：编制程序流程图，如图 5.5 所示。

步骤 3：编写程序，编译并输出.hex 文件。

步骤 4：单片机程序烧录。

步骤 5：脱机运行，观察实验板运行效果。

LCD1602 第 1 行显示"write:"和保存到 EEPROM 中的数值；第 2 行显示"read:"和从 EEPROM 中读取的数值。

实验板上标号为 3 的按键控制写 EEPROM，当按键依次按下，数据会从 0～9 依次增加（当数值加到 9 后又返回到 0），该数值会被写入到 EEPROM 地址 0 中保存，并在 LCD 第 1 行中显示。实验板上标号为 7 的按键控制读 EEPROM，当按键按下，读取 EEPROM 地址 0 中的数据，并在 LCD1602 第 2 行中显示。

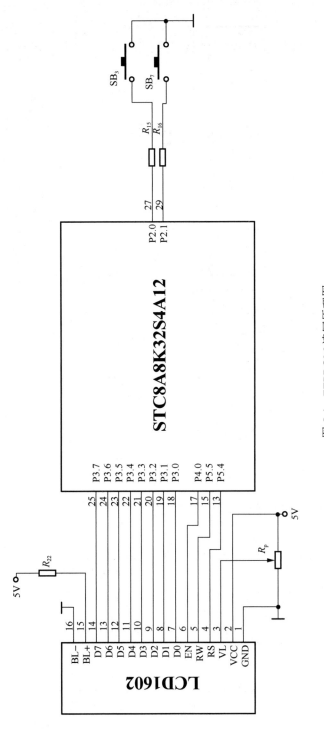

图 5.4　EEPROM 读写原理图

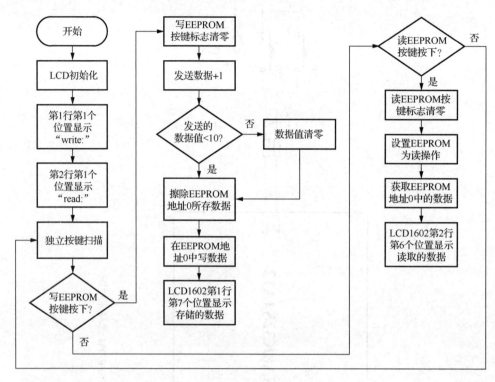

图 5.5 程序流程图

参考程序如下。

```c
#include <STC8.H>
#include <intrins.h>

#define uint unsigned int
#define uchar unsigned char

#define LCD1602_DATAPINS P3            //定义 P3 口名称为 LCD1602_DATAPINS
sbit LCD1602_E=P4^0;                   //定义 IO 口名称
sbit LCD1602_RW=P5^5;
sbit LCD1602_RS=P5^4;

sbit sw_write=P2^0;                    //定义独立按键 3 为写 EEPROM 按键
sbit sw_read=P2^1;                     //定义独立按键 7 为读 EEPROM 按键

uchar code Disp1[]={"write:"};         //LCD 第 1 行固定显示内容
uchar code Disp2[]={"read:"};          //LCD 第 2 行固定显示内容
uchar num_write;                       //写进 EEPROM 的数据
uchar num_read;                        //EEPROM 读出的数据

bit write_flag=0;                      //写 EEPROM 标志位
```

```
bit read_flag=0;                        //读 EEPROM 标志位
/************************延时函数****************************/
void Delay(uint c)
{
    uchar a,b;
    for (; c>0; c--)
        for (b=199;b>0;b--)
            for(a=20;a>0;a--);
}
/********************LCD1602 写指令函数************************/
void LcdWriteCom(uchar com)
{
    LCD1602_RS = 0;            //选择发送命令
    LCD1602_RW = 0;            //选择写入
    LCD1602_E = 0;             //使能清零

    LCD1602_DATAPINS = com;    //写入命令
    Delay(2);                  //等待数据稳定

    LCD1602_E = 1;             //写入时序
    Delay(5);                  //保持时间
    LCD1602_E = 0;
}
/********************LCD1602 写数据函数************************/
void LcdWriteData(uchar dat)
{
    LCD1602_RS = 1;            //选择输入数据
    LCD1602_RW = 0;            //选择写入
    LCD1602_E = 0;             //使能清零

    LCD1602_DATAPINS = dat;    //写入数据
    Delay(2);                  //等待数据稳定

    LCD1602_E = 1;             //写入时序
    Delay(5);                  //保持时间
    LCD1602_E = 0;
}
/********************LCD1602 字符显示函数************************/
void LcdDis(uchar row,uchar column,uchar *p)
{
    if(row==1)                          //如果写入字符在第 1 行
        LcdWriteCom(0x80+column-1);     //发送数据指针为 0x80+column-1
    else                                //如果写入字符不在第 1 行
        LcdWriteCom(0xC0+column-1);     //发送数据指针为 0xC0+column-1
    while(*p!='\0')                     //依次发送数组字符进行显示
```

```
    {
        LcdWriteData(*p);
        p++;
    }
}
/*********************LCD1602 初始化函数*********************/
void LcdInit()
{
    LcdWriteCom(0x38);          //开显示
    LcdWriteCom(0x0c);          //开显示不显示光标
    LcdWriteCom(0x06);          //写一个指针加 1
    LcdWriteCom(0x01);          //清屏
}
/*********************关闭 EEPROM 功能函数*********************/
void EepromIdle()
{
    IAP_CONTR = 0;              //关闭 EEPROM 操作
    IAP_CMD   = 0;              //设定 EEPROM 为空操作
    IAP_TRIG  = 0;              //清除触发寄存器
    IAP_ADDRH = 0x80;          //将地址设置到非 EEPROM 区域
    IAP_ADDRL = 0;
}
/*********************EEPROM 擦除函数*********************/
void EEPROM_eraser(uint addr)
{

    IAP_CONTR = 0x81;          //使能 EEPROM 操作，设定 EEPROM 操作等待时间
    IAP_CMD   = 3;             //设置 EERPOM 为擦除指令
    IAP_ADDRH = addr>>8;       //设置 EEPROM 高地址
    IAP_ADDRL = addr;          //设置 EEPROM 低地址
    IAP_TRIG  = 0x5a;          //触发擦除指令
    IAP_TRIG  = 0xa5;
    _nop_();_nop_();_nop_();   //等待擦除完成
    EepromIdle();              //关闭 EEPROM
}
/*********************写 EEPROM 函数*********************/
void EEPROM_write(uint addr,uchar dat)
{
    IAP_CONTR = 0x81;          //使能 EEPROM 操作，设定 EEPROM 操作等待时间
    IAP_CMD   = 2;             //设置 EEPROM 为写指令
    IAP_ADDRH = addr>>8;       //设置 EEPROM 高地址
    IAP_ADDRL = addr;          //设置 EEPROM 低地址
    IAP_DATA  = dat;           //发送存储数据
    IAP_TRIG  = 0x5a;          //触发写指令
    IAP_TRIG  = 0xa5;
```

```
        _nop_();_nop_();_nop_();      //等待写数据完成
        EepromIdle();                 //关闭 EEPROM 功能
}
/************************读 EEPROM 函数************************/
uchar EEPROM_read(uint addr)
{
        uchar dat;
        IAP_CONTR = 0x81;      //使能 EEPROM 操作，设定 EEPROM 操作等待时间
        IAP_CMD   = 1;         //设置 EEPROM 为读指令
        IAP_ADDRH = addr>>8;   //设置 EEPROM 高地址
        IAP_ADDRL = addr;      //设置 EEPROM 低地址
        IAP_TRIG  = 0x5a;      //触发读指令
        IAP_TRIG  = 0xa5;
        _nop_();_nop_();_nop_();      //等待读数据完成
        dat= IAP_DATA;         //存储读取的数据至 dat 变量中
        EepromIdle();          //关闭 EEPROM 功能
        return dat;            //返回读取数据 dat
}
/************************独立按键检测************************/
void keyscan()
{
        if(sw_write==0)        //检测写按键是否作用
        {
            Delay(5);          //去抖
            if(sw_write==0)    //再次判别写按键是否作用
                write_flag=1;  //写标志位标志
        }while(sw_write==0);   //等待写按键释放

        if(sw_read==0)         //检测读按键是否作用
        {
            Delay(5);          //去抖
            if(sw_read==0)     //再次判别读按键是否作用
                read_flag=1;   //读标志位标志
        }while(sw_read==0);    //等待读按键释放
}
/************************主函数************************/
void main()
{
        LcdInit();                 //LCD 初始化
        LcdDis(1,1,Disp1);         //第 1 行第 1 个位置显示"write:"
        LcdDis(2,1,Disp2);         //第 2 行第 1 个位置显示"read:"
        while(1)
        {
            keyscan();             //独立按键扫描
            if(write_flag==1)      //如果写 EEPROM 按键作用
```

```
        {
            write_flag=0;          //清除标志位
            num_write++;           //发送数据+1
            if(num_write>9)   //设置发送数据范围为0～9
                num_write=0;
            EEPROM_eraser(0);                  //擦除地址0所在扇区
            EEPROM_write(0,num_write);   //将数据写进EEPROM地址0中
            LcdWriteCom(0x86);                 //设置显示位置为第1行第7个字符
            LcdWriteData(0x30+num_write);//显示写进EEPROM地址0的数据
        }
        else if(read_flag==1)               //如果读EEPROM按键作用
        {
            read_flag=0;                       //清除标志位
            num_read=EEPROM_read(0);    //读取EEPROM地址0中的数据
            LcdWriteCom(0xc5);                 //设置显示位置为第1行第6个字符
            LcdWriteData(0x30+num_read);//显示从EEPROM地址0中读出数据
        }
    }
}
```

学生工作页

工作1：回顾 EEPROM 寄存器

学生		时间	
寄存器名称	功能描述	评价	
IAP_CONTR			
IAP_CMD			
IAP_DATA			
IAP_TRIG			

工作2：回顾 EEPROM 应用

学生			时间	
编程实现	修改的语句	显示记录	评价	
在 EEPROM 地址 8 中存取数据				
从 EEPROM 地址 0 存入字符 "Y"				
从EEPROM地址0开始依次存入字符串 "China"				

任 务 小 结

通过本任务学习，了解 EEPROM 的作用和相关寄存器。读、写、擦除操作时相关寄存器设置顺序至关重要，操作过程中等待读写数据完成的_nop_指令不能少。

任务 5.3　制作密码锁

任务描述

本任务学习模块化编程方法，通过分析密码锁电路功能，对所学的 LCD12864、矩阵键盘和内置 EEPROM 进行综合运用，完成密码锁项目编程。

任务目标

- 熟悉模块化编程思想。
- 学会分析项目需求，做出项目规划。
- 编程实现密码锁功能。

微课堂

5.3.1　模块化编程

模块化编程

模块化编程是指将一个程序按照功能划分为若干个程序模块（c 文件），每个程序模块完成一个确定功能，并在这些模块之间建立必要联系，通过模块互助协作完成整个功能的一种程序设计方法。模块化编程能够提高程序的易读性和可维护性，其实现方法主要依靠 c 文件和 h 文件的建立。

1. c 文件

模块 c 文件里没有主函数，只包含模块功能函数，在 h 文件的配合下，可被主函数或其他普通函数调用。c 文件的建立过程如下。

步骤 1：建立 c 文件。具体操作方法见项目 1 任务 1.2，此处不再赘述。

步骤 2：编写模块功能函数。编写单片机内置 EEPROM 功能函数，其程序内容如下。

```
#include <STC8.h>
#include <intrins.h>

#define uint unsigned int
```

```
#define uchar unsigned char

/*********************关闭 EEPROM 功能函数*********************/
void EepromIdle()
{
    IAP_CONTR = 0;           //关闭 EEPROM 操作
    IAP_CMD   = 0;           //设定 EEPROM 为空操作
    IAP_TRIG  = 0;           //清除触发寄存器
    IAP_ADDRH = 0X80;        //将地址设置到非 EEPROM 区域
    IAP_ADDRL = 0;
}
/*********************EEPROM 擦除函数*********************/
void EEPROM_eraser(uint addr)
{

    IAP_CONTR = 0X81;        //使能 EEPROM 操作，设定 EEPROM 操作等待时间
    IAP_CMD   = 3;           //设置 EEPROM 为擦除指令
    IAP_ADDRH = addr>>8;     //设置 EEPROM 高地址
    IAP_ADDRL = addr;        //设置 EEPROM 低地址
    IAP_TRIG  = 0x5a;        //触发擦除指令
    IAP_TRIG  = 0xa5;
    _nop_();_nop_();_nop_();  //等待擦除完成
    EepromIdle();
}
/*********************写 EEPROM 函数*********************/
void EEPROM_write(uint addr,uchar dat)
{
    IAP_CONTR = 0X81;        //使能 EEPROM 操作，设定 EEPROM 操作等待时间
    IAP_CMD   = 2;           //设置 EEPROM 为写指令
    IAP_ADDRH = addr>>8;     //设置 EEPROM 高地址
    IAP_ADDRL = addr;        //设置 EEPROM 低地址
    IAP_DATA  = dat;         //发送存储数据
    IAP_TRIG  = 0x5a;        //触发写指令
    IAP_TRIG  = 0xa5;
    _nop_();_nop_();_nop_();          //等待写数据完成
    EepromIdle();                     //关闭 EEPROM 功能
}
/*********************读 EEPROM 函数*********************/
uchar EEPROM_read(uint addr)
{
    uchar dat;
    IAP_CONTR = 0X81;        //使能 EEPROM 操作，设定 EEPROM 操作等待时间
    IAP_CMD   = 1;           //设置 EEPROM 为读指令
    IAP_ADDRH = addr>>8;     //设置 EEPROM 高地址
    IAP_ADDRL = addr;        //设置 EEPROM 低地址
    IAP_TRIG  = 0x5a;        //触发读指令
    IAP_TRIG  = 0xa5;
    _nop_();_nop_();_nop_();         //等待读数据完成
```

```
        dat= IAP_DATA;              //存储读取的数据至 dat 变量中
        EepromIdle();               //关闭 EEPROM 功能
        return dat;                 //返回读取数据 dat
    }
```

步骤 3：将新建的 c 文件加载到工程中，完成后如图 5.6 所示。采用模块化编程时，一个工程中会拥有多个 c 文件。

2. h 文件

h 文件又叫头文件，是一种包含功能函数、数据接口声明的载体文件，如常用的 STC8.h 文件，就是一个包含单片机 IO 口声明和寄存器声明的头文件。自定义的模块头文件在模块化编程中起到将各个模块建立联系的作用，其定义格式如下。

```
#ifndef  头文件名称
#define  头文件名称
    函数声明
#endif
```

#ifndef 为条件编译，和#endif 配合使用，#ifndef 执行流程图如图 5.7 所示。

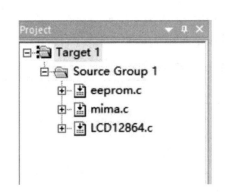

图 5.6　模块化编程的工程内含文件示意图

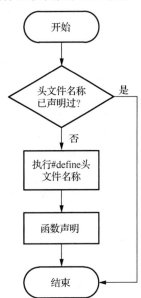

图 5.7　#ifndef 执行流程图

h 文件的编辑过程如下。

步骤 1：建立 h 文件。单击"文件"→"新建"菜单命令，当跳出用户代码编辑区域后，执行"文件"→"保存"菜单命令，在跳出的保存对话框内，输入头文件名称（以英文、数字和下划线命名，且数字不可放在第 1 位），并以.h 作为文件的后缀。

步骤 2：编写 h 文件内容。建立声明单片机内置 EEPROM 功能函数的头文件，其程序内容如下。

```
#ifndef __eeprom_h_                    //头文件名称
#define __eeprom_h_
#define uchar unsigned char            //对数据类型进行声明定义
void EEPROM_eraser(uint addr);         //功能函数声明
void EEPROM_write(uint addr,uchar dat);
uchar EEPROM_read(uint addr);
#endif                                 //编译结束
```

注意：#define 紧跟的头文件名称必须与步骤 1 中保存的头文件名称一致，如示例程序中定义的头文件名称为 eeprom，则该 h 文件在保存用户代码界面里输入的头文件名称必须为 eeprom.h。

步骤 3：调用 h 文件。在其他模块 c 文件或主函数 c 文件的开头写入#include eeprom.h 语句，即可在该 c 文件中调用 eeprom.h 文件中声明过的函数。

5.3.2　分析密码锁功能

1. 电子密码锁模块化编程

密码锁电路原理图如图 5.8 所示，所涉及的功能模块有 LCD12864、矩阵键盘和内置 EEPROM。根据需要，将 LCD12864 和 EEPROM 两个模块进行模块化编程，并与主函数 c 文件一起加载到电子密码锁项目工程中。矩阵键盘只有一个扫描函数，直接放置在主函数 c 文件中。

2. 密码锁功能分析

密码锁采用 LCD12864 显示信息，采用 EEPROM 实现密码掉电保存；采用矩阵键盘实现密码输入和密码设置。4×4 矩阵键盘各按键对应功能见表 5.7。

表 5.7　4×4 矩阵键盘各按键对应功能

0	1	2	3
4	5	6	7
8	9		设置
			确认

实现的功能如下。

初始状态：LCD 显示"欢迎光临"。

密码输入：LCD 显示"密码输入:"，当输入密码时，LCD 会实时显示输入的数值（密码位数小于或等于 6 位；若输入超过 6 位，则超过数字无效）；输入完成后，按下"确认"键，若密码正确，LCD 显示"开锁成功"，10s 后回到初始状态（回到初始状态后，方可继续进入后续操作）；若密码错误，LCD 显示"密码错误，请重新输入"，3s 后重新回到密码输入状态。密码锁初始密码设为 888888。

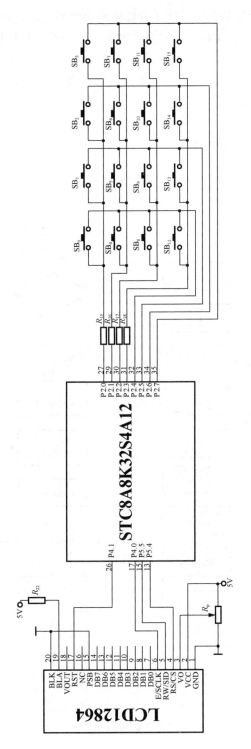

图 5.8 密码锁电路原理图

　　密码设置：按下"设置"键，进入功能密码设置界面，只有当输入原密码正确后，才能进行密码重置，此时 LCD 显示"重置密码："，当输入超长数值时，LCD 实时显示"超过 6 位的数值无效"。密码输入完成后，按下"确认"键，密码重置，LCD 显示"密码重置成功"，3s 后回到"初始状态"。重置后的密码会被保存到 EEPROM 内，覆盖之前的密码，实现掉电保存。

微课堂

5.3.3　编程实现密码锁开关

　　步骤 1：绘制密码锁电路原理图，如图 5.8 所示。
　　步骤 2：编制程序流程图，如图 5.9 所示。

编程实现密码锁开关

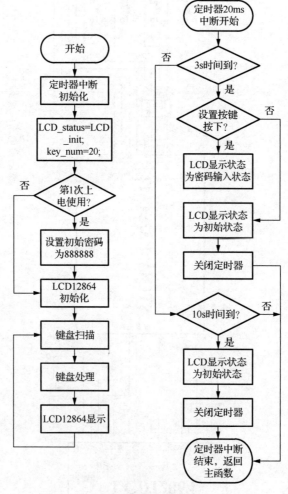

（a）密码锁主流程图

图 5.9　密码锁程序流程图

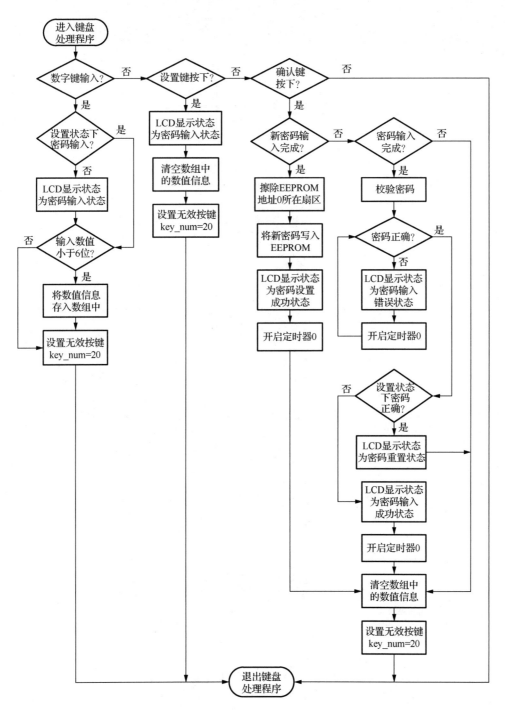

（b）按键处理程序流程图

图 5.9　（续）

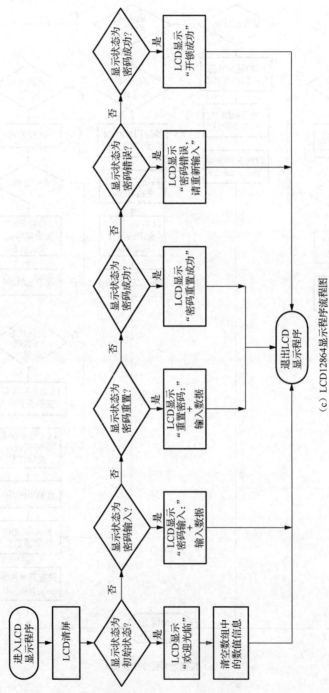

（c）LCD12864显示程序流程图

图 5.9 （续）

步骤 3：编写程序，编译并输出.hex 文件。

步骤 4：单片机程序烧录。

步骤 5：脱机运行，观察实验板运行效果。按上述密码锁功能一一测试，查看是否实现完整的密码锁功能。

部分参考程序如下。

```c
#include <STC8.h>
#include "eeprom.h"
#include "LCD12864.h"

#define uint unsigned int
#define uchar unsigned char

#define LCD_init  0          //初始显示状态
#define LCD_numin 1          //密码输入状态
#define LCD_setnum 2         //密码设置输入状态
#define LCD_suc  3           //密码重置状态
#define LCD_wr  4            //密码输入错误状态
#define LCD_open  5          //密码输入成功状态

bit set_flag1;              //进入设置，等待密码输入状态标志位
bit set_flag2;              //进入设置，新密码输入状态标志位
bit numin_flag;             //密码输入状态标志位
bit T3_flag;                //定时器 3s 标志位

uchar LCD_status;           //记录 LCD 显示状态
uchar LCD_status_n;         //LCD 前一个状态
uchar key_num;              //按键值存储寄存器
uchar n;                    //存储已输入的数字个数
uint Time_num;              //定时器计数缓存器

uchar code key[]={0xee,0xde,0xbe,0x7e,
            0xed,0xdd,0xbd,0x7d,
            0xeb,0xdb,0xbb,0x7b,
            0xe7,0xd7,0xb7,0x77};           //键盘编码
uchar code dis_init[]={"欢迎光临"};          //LCD12864 显示内容
uchar code dis_numin[]={"密码输入："};
uchar code dis_suces[]={"密码重置成功"};
uchar code dis_set[]={"重置密码："};
uchar code dis_wr[]={"密码错误"};
uchar code dis_wr1[]={"请重新输入"};
uchar code dis_open[]={"开锁成功"};
uchar password[6];                          //密码缓存数组
uchar num_in[6]={"      "};                 //存放输入数值

/*********************单片机初始化函数**********************/
void init()
```

```
{
    TMOD=0x01;                    //T0 定时器 16 位不自动重载模式
    TL0=0xc0;                     //定时 20ms
    TH0=0x63;

    ET0=1;                        //打开定时器 0 中断允许
    EA=1;                         //打开中断总开关
}
/***********************数据初始化***********************/
void dat_init()
{
    uchar i;
    LCD_status=LCD_init;          //LCD 显示状态为初始状态
    LCD_status_n=LCD_init;        //原 LCD 显示状态为初始状态
    key_num=20;                   //设置按键值为无效值 20
    n=0;                          //数值输入位数为 0
    for(i=0;i<6;i++)              //读取 EEPROM 中的密码
        password[i]=EEPROM_read(i);
    if((password[0]==0xff)&&(password[1]==0xff)&&(password[2]==
0xff)&&(password[3]==0xff)&&(password[4]==0xff)&&(password[5]==0xff))
                                  //若为第一次上电使用
        for(i=0;i<6;i++)          //设置初始密码为 888888
            password[i]='8';
}
/***********************键盘扫描函数***********************/
void key_scan()
{
    uchar buffer,key1,key2,i=0;
    P2 = 0x0f;                    //设置键盘所有行为高电平，所有列为低电平
    Delay(5);
    key1 = P2;                    //获取按键信息
    if(key1 != 0x0f)              //若有按键作用
    {
        Delay(5);                //去抖
        key1 = P2;               //获取按键信息，若有按键作用，保存按键行信息
        if(key1 != 0x0f)         //再次确认是否有按键作用
        {
            P2 = 0Xf0;           //设置键盘所有行为低电平，所有列为高电平
            Delay(1);            //延时
            key2 = P2;           //获取按键列信息
            buffer = key1 | key2;    //获取作用按键编码
            while((i<16)&&(buffer != key[i]))
            {
                i++;             //将作用按键编码与键盘编码数组一一比对
            }
            key_num = i;         //获取作用按键数值
        }while(key1 != 0xf0)     //等待按键释放
        {
```

```
            P2 = 0xf0;
            key1 = P2;
        }
    }
}
/*************************按键处理*************************/
void key_deal()
{
    uchar i;
    if(key_num<10)              //如果数字键作用
    {
        if(set_flag2!=1)        //如果不是新密码输入情况
        {
            LCD_status=LCD_numin;//设置 LCD 显示状态为密码输入状态
            numin_flag=1;       //密码输入标志位为 1
        }
        if(n<6)                 //如果输入密码位数小于 6 位
        {
            num_in[n]=0x30+key_num;
                                //将输入数值以 ASCII 字符模式存入 num_in 数组
            n++;
        }
        key_num=20;             //设置按键值为无效值 20
    }
    else if(key_num==11)        //如果设置按键作用
    {
        set_flag1=1;            //标志设置键作用，等待密码输入状态
        LCD_status=LCD_numin;   //设置 LCD 显示状态为密码输入状态
        for(i=0;i<6;i++)
        {
            num_in[i]=0x20;     //0x20 为空字符，清空数据，等待下次数字输入
            n=0;                //已输入位数归零
        }
        key_num=20;             //设置按键值为无效值 20
    }
    else if(key_num==15)        //如果确认键作用
    {
        if(set_flag2==1)        //如果状态为新密码输入完成
        {
            set_flag2=0;        //状态清零
            EEPROM_eraser(0);   //擦除 EEPROM 地址 0 所在扇区
            for(i=0;i<6;i++)
            {
                password[i]=num_in[i];    //将新密码存入 password 数组中
                EEPROM_write(i,password[i]);  //将新密码存入 EEPROM 中
            }
            LCD_status=LCD_suc;  //设置 LCD 显示状态为密码设置成功状态
            TR0=1;               //开启定时器
```

```
            T3_flag=1;                      //标志3s计时状态
    }
    else if(numin_flag==1)          //如果为密码输入完成
    {
        numin_flag=0;               //标志位清零
        for(i=0;i<6;i++)            //校验输入密码
        {
            if(password[i]!=num_in[i])          //如果密码输入错误
            {
                LCD_status=LCD_wr;
                            //设置LCD显示状态为密码输入错误状态
                TR0=1;                  //开启定时器
                T3_flag=1;              //标志3s计时状态
            }
        }
        if(LCD_status!=LCD_wr)      //如果密码输入正确
        {
            if(set_flag1==1)        //如果为设置状态下的密码输入正确
            {
                set_flag1=0;        //清除标志位
                set_flag2=1;        //标志等待新密码输入状态
                LCD_status=LCD_setnum;
            //设置LCD显示状态为重置密码输入状态
            }
            else                    //非设置状态下的密码输入正确
            {
                LCD_status=LCD_open;
            //设置LCD显示状态为密码输入正确状态
                TR0=1;              //开启定时器
            }
        }
    }
    for(i=0;i<6;i++)
    {
        num_in[i]=0x20;     //0x20为空字符，清空数据，等待下次数字输入
        n=0;                //已输入位数归零
    }
    key_num=20;             //设置按键值为无效值20
    }
}


/************************LCD显示************************/
void LCD_dis()
{
    uchar i;
    if(LCD_status_n!=LCD_status)     //若LCD显示状态发生变化
    {
        LCD_status_n=LCD_status;     //保存新LCD显示状态
```

```
        LcdWriteCom(0x01);                  //LCD 清屏
        Delay(100);
    }
    if(LCD_status==LCD_init)                //如果 LCD 显示为初始显示状态
    {
        LcdDis(2,3,dis_init);               //第 2 行显示"欢迎光临"
        for(i=0;i<6;i++)
        {
            num_in[i]=0x20;    //0x20 为空字符，清空数据，等待下次数字输入
            n=0;                        //已输入位数归零
        }
    }
    else if(LCD_status==LCD_numin)          //如果 LCD 显示为密码输入状态
    {
        LcdDis(2,1,dis_numin);              //第 2 行显示"密码输入："
        LcdWriteCom(0x88);                  //设置显示位置为第 3 行
        for(i=0;i<6;i++)
            LcdWriteData(num_in[i]);        //显示输入数值
    }
    else if(LCD_status==LCD_setnum)         //如果 LCD 显示为密码设置状态
    {
        LcdDis(2,1,dis_set);                //第 2 行显示"重置密码："
        LcdWriteCom(0x88);                  //设置显示位置为第 3 行
        for(i=0;i<6;i++)
            LcdWriteData(num_in[i]);        //显示输入数值
    }
    else if(LCD_status==LCD_suc)            //如果 LCD 显示为密码设置成功状态
        LcdDis(2,2,dis_suces);              //第 2 行显示"密码重置成功"
    else if(LCD_status==LCD_wr)             //如果 LCD 显示为密码输入错误状态
    {
        LcdDis(2,3,dis_wr);                 //第 2 行显示"密码错误"
        LcdDis(3,3,dis_wr1);                //第 3 行显示"请重新输入"
    }
    else if(LCD_status==LCD_open)           //如果 LCD 显示为密码输入成功状态
        LcdDis(2,3,dis_open);               //第 2 行显示"开锁成功"
}
/***********************主函数***************************/
void main()
{
    init();                 //定时器初始化
    dat_init();             //相关数据初始化
    LcdInit();              //LCD 初始化
    while(1)
    {
        key_scan();         //矩阵键盘扫描
```

```
        key_deal();          //按键处理
        LCD_dis();           //LCD 显示
    }
}
/***********************定时器 T0 中断程序*************************/
void T0_INT( ) interrupt 1
{
    TL0=0xc0;                //定时 20ms
    TH0=0x63;
    Time_num++;              //定时器计数
    if(Time_num==150)   //3s
    {
        if(T3_flag==1)      //若计时 3s 有标志
        {
            Time_num=0;     //定时器计数清零
            T3_flag=0;      //标志位清零
            if(set_flag1==1)   //若为设置按键作用下的密码输入错误
                LCD_status=LCD_numin;//设置 LCD 显示状态为密码输入状态
            else                     //若为普通状态下的密码输入错误
                LCD_status=LCD_init;  //设置 LCD 显示状态为初始显示状态
            TR0=0;                    //关闭定时器
        }
    }
    else if(Time_num==500)              //10s
    {
        Time_num=0;                     //定时器计数清零
        LCD_status=LCD_init;            //设置 LCD 显示状态为初始显示状态
        TR0=0;                          //关闭定时器
    }
}
```

学生工作页

工作 1：回顾模块化编程

学生		时间	
知识内容	描述	评价	
模块 c 文件作用			
h 文件定义格式			
h 文件作用			

工作 2：修改密码锁程序

学生			时间	
编程实现	修改的语句	显示记录	评价	
设置初始密码为 666888				
更改密码位数为 8 位（同时设置初始密码为 88888888）				

任 务 小 结

本任务是多功能综合编程，通过对模块化编程方法的学习，了解 c 文件和 h 文件的建立及编辑，会根据对密码锁功能的分析，完成程序规划及模块分割，并且在反复实践中体会多 c 文件编程的优点。

项 目 小 结

矩阵键盘是常见的输入设备，单片机系统可采用行列扫描或查找矩阵编码的方式来识别键盘。矩阵键盘根据接口电路的不同，其编码值也不同，需要理解矩阵键盘编码原理，学会根据电路推算编码值。

EEPROM 具有数据掉电保护功能，越来越多的单片机已有内置 EEPROM，操作相关寄存器是读写 EEPROM 的关键。

模块化编程有利于程序修改、移植等后期维护，做好项目开发前期规划，是提高编程水平的有效途径。

知 识 巩 固

1. 简述矩阵键盘相对独立按键的优点。

2. 查阅资料，画出 3×4 矩阵键盘的电路结构图。

3. 3×4 矩阵键盘在采用查找识别方法进行按键识别时，数组中的键盘编码分别是什么？

4. 简述矩阵键盘扫描识别方法和查找识别方法的区别。

5. EEPROM 的作用是什么？

6．STC8A8K32S4A12 单片机内置 EEPROM 在数据擦除的时候需要注意什么内容？

7．简述 STC8A8K32S4A12 单片机写 EEPROM 和读 EEPROM 的操作流程。

8．什么是模块化编程？

9．说出模块 c 文件与主函数 c 文件的区别。

10．写出模块头文件的定义格式。

11．自定义头文件在保存的时候，需要注意什么内容？

项目 6

实现 WiFi 物联

 项目说明

物联网是指通过各种信息传感器、射频识别技术、全球定位系统等装置与技术，实时采集任何需要监控、连接、互动的物体或过程，采集其声、光、热、电、力学、化学、生物、位置等各种需要的信息，通过各类可能的网络如 WiFi 接入，实现物与物、物与人的泛在连接，实现对物品和过程的智能化感知、识别和管理。

本项目从学习单片机串行通信入手，通过市场上成熟的 WiFi 模块，学习单片机与 WiFi、单片机与手机、单片机与单片机之间的通信，实现物联网中物与物的远程连接。

 知识目标

- 了解单片机UART通信的方式及相关寄存器的意义。
- 知道 WiFi 模块的基本性能与选用。
- 掌握 WiFi 模块与单片机通信的基本方法。

 技能目标

- 会设置单片机 UART 通信的波特率，并会操作相关寄存器。
- 能编程实现 UART 通信与计算机串口软件连接。
- 会编程实现双机 UART 通信。
- 初步应用 WiFi 模块，编程实现远程通信。

任务 6.1　认识 UART 通信

任务描述

通用异步收发传输器（universal asynchronous receiver transmitter，UART）可以实现全双工传输和接收。在单片机设计中，UART 用于主机与辅助设备通信。

本任务主要学习单片机 UART 通信相关寄存器的操作、波特率的计算及编程实现 UART 通信。

任务目标

● 掌握波特率的计算及设置。
● 通过操作 UART 相关寄存器，会编程实现 UART 通信。
● 学会使用计算机串口助手。

6.1.1　分析单片机 UART 功能

1. 串行通信的概念

（1）串行通信与并行通信

在微型计算机中，有串行通信和并行通信两种通信（数据交换）方式。

串行通信：计算机与 I/O 设备之间仅通过一条传输线交换数据，数据是按顺序依次一位接一位进行传送。

并行通信：计算机与 I/O 设备之间通过多条传输线交换数据，数据同时进行传送。

串行通信的速度较慢，但占用 I/O 口少，适合于单片机的远程通信；并行通信的速度快，但需要的传输线多，适合于近距离的数据传送，如计算机的并口线。串行通信与并行通信示意图如图 6.1 所示。

串行数据传送又分为异步传送和同步传送两种方式。在单片机中，主要使用异步传送方式。

（2）异步串行方式的特点

异步通信是指数据传送以字符为单位，即每次传送 1 个字符。异步串行通信的特点可以概括为以下几点。

1）以字符为单位传送信息。

2）相邻两字符间的间隔任意长。

3）接收时钟和发送时钟相近即可。

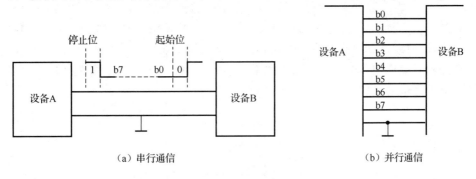

（a）串行通信　　　　　　　　　　　　（b）并行通信

图 6.1　串行通信与并行通信示意图

（3）异步串行方式的字符格式

异步串行方式的数据格式如图 6.2 所示，每个字符（每帧信息）由起始位、数据位、奇偶校验位和停止位 4 个部分组成。

起始位：低电平 0 有效，发送器是通过发送起始位启动数据传送的。

数据位：传送起始位之后就传送数据位，传送的数据低位在前，高位在后。由于字符编码方式不同，数据可以是 5 位、6 位、7 位或 8 位。

奇偶校验位：奇偶校验位位于数据位之后，用于表征串行通信中采用奇校验或偶校验，也可不校验。

停止位：高电平 1 有效。停止位在最后发送，标志着 1 个字符传送的结束，停止位可能是 1 位、1.5 位或 2 位，在实际应用中根据需要确定。

帧：从起始位开始到停止位结束称之为 1 帧，即 1 个字符的完整通信格式。因此串行通信的字符格式也称为帧格式。

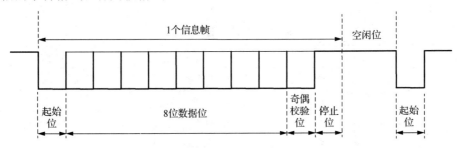

图 6.2　异步串行方式的数据格式

（4）串行通信的波特率

在串行通信中，数据是按位进行传送的，波特率表示每秒传送二进制数的位数，其单位是波特（Bd）。一般串行异步通行的传送速度为 50～19200Bd，串行同步通信的传送速度可达 500KBd。例如，两个异步串行通信设备之间每秒传送数据 300 个字符，一帧数据包含 10 位（1 个起始位、8 个数据位、1 个停止位），则波特率为 300×10=3000Bd。

2. 串口相关寄存器

MCS-51 单片机内部的串口，有 2 个物理上可以完全独立发送和接收的缓冲器 SBUF，可同时发送和接收数据，其串口通信接口如图 6.3 所示。发送缓冲器只能写入，接收缓冲器只能读出，2 个缓冲器共占用一个地址 99H，与串口有关的控制寄存器共有 2 个，分别为 SCON 和 PCON。

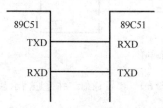

图 6.3　串口通信接口

本书学习的 STC8 系列单片机，具有 4 个全双工异步串行通信接口（串口 1、串口 2、串口 3 和串口 4）。每个串口由 2 个数据缓冲器、1 个移位寄存器、1 个串行控制寄存器和 1 个波特率发生器等组成。

1）串口 1 控制寄存器 SCON，其格式如表 6.1 所示。

表 6.1　SCON 格式

符号	地址	B7	B6	B5	B4	B3	B2	B1	B0
SCON	98H	SM0	SM1	SM2	REN	TB8	RB8	TI	RI

SM0、SM1 位：控制串口 1 的工作方式，其状态组合所对应的工作方式如表 6.2 所示。

表 6.2　串口 1 的工作方式

SM0	SM1	方式	功能	波特率
0	0	0	同步移位寄存器	$f_{osc}/12$ 或 $f_{osc}/2$
0	1	1	8 位 UART	可变
1	0	2	9 位 UART	$f_{osc}/64$ 或 $f_{osc}/32$
1	1	3	9 位 UART	可变

注：f_{osc} 是单片机振荡频率。

SM2 位：多机通信控制位。SM2=1，则只有当接收到的第 9 位数据 RB8 为 1 时，才将接收到的前 8 位数据送入 SBUF，并置位 RI 产生中断请求；否则将接收到的前 8 位数据丢弃。当 SM2=0 时，则不论第 9 位数据为 0 还是 1，都将前 8 位装入 SBUF 中，并产生中断请求。

允许串行接收控制位 REN：REN=1 时允许接收，REN=0 时禁止接收，该位由软件置位或复位。

　　发送数据位 TB8：在方式 2 或方式 3 时要发送的第 9 位，此位可以用软件加以设定或清除。

　　接收数据位 RB8：在方式 2 和方式 3 时要接收的第 9 位；方式 0 时，此位未使用；方式 1 时，若 SM2=0，RB8 是接收到的停止位。

　　发送中断标志位 TI：方式 0 时，发送完第 8 位数据后，被置位 TI=1；在其他方式下，在停止位开始发出时，被置位 TI=1；此位须由软件清零。

　　接收中断标志位 RI：方式 0 时，接收完第 8 位数据后，RI 会被硬件置位，须由软件清零；在其他方式下，接收到停止位后，RI 会被硬件置位，须由软件清零。

　　2）电源控制寄存器 PCON。PCON 第 7 位 SMOD 是波特率倍增选择位。当 SMOD=1 时，串口波特率加倍。系统复位后，SMOD=0。

　　3）串口 1 数据寄存器 SBUF，其格式如表 6.3 所示。

表 6.3　SBUF 格式

符号	地址	B7	B6	B5	B4	B3	B2	B1	B0
SBUF	99H	串口 1 数据缓冲区							

　　SBUF 是串口 1 数据接收/发送缓冲区，实际是读缓冲器和写缓冲器。对 SBUF 进行读操作，实际是读取串口接收缓冲区，对 SBUF 进行写操作则是触发串口开始发送数据，两种操作分别对应 2 个不同的寄存器。

　　STC8 单片机其他串口相关寄存器与上述类似，可参阅 STC8 单片机数据手册，此处不再细述。

　　3. 串口工作方式

　　STC8 系列单片机的串口有 4 种工作方式，用户可用软件设置不同的波特率和不同的工作方式。主机可通过查询或中断方式对接收/发送进行程序处理，使用十分灵活。串口 1、串口 2、串口 3、串口 4 的通信口均可以通过功能引脚的切换功能切换到多组端口，从而可以将一个通信口分时复用为多个通信口。

　　以下主要介绍串口工作方式 1，其他工作方式可自行参阅其数据手册。

　　当软件设置 SCON 的 SM0、SM1 为 01 时，串口 1 则以方式 1 进行工作，此时为 8 位 UART 格式，一帧信息为 10 位，其中 1 位起始位，8 位数据位（低位在先）和 1 位停止位。波特率是可变的，即可根据需要进行设置。TXD 为数据发送口，RXD 为数据接收口。

（1）方式1发送

当执行一条写 SBUF 指令时就启动发送。串行数据从 TXD 引脚实现异步输出，发送完一帧数据后，就由硬件置位 TI。若要继续发送，须用指令将 TI 清零，如图6.4 所示。

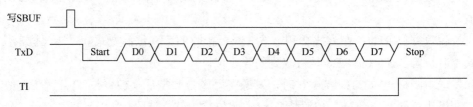

图 6.4　发送数据

（2）方式1接收

数据从 RXD 端输入，在 REN 置1后，就允许接收器接收。只有当 RI=0 且停止位为1或者 SM2=0 时，停止位才送入 RB8，8 位数据才能进入接收寄存器，并由硬件置位中断标志 RI，否则信息丢失。所以在方式1接收时，应对 RI 和 SM2 清零，如图6.5 所示。

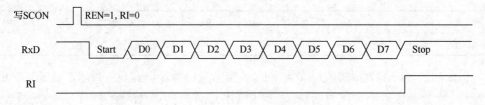

图 6.5　接收数据

4. 波特率计算

串口1的波特率是可变的，其波特率可由定时器 T1 或定时器 T2 产生。当定时器采用 1T 模式时（12 倍速），相应波特率的速度也会提高12 倍。波特率计算公式见表6.4。

表 6.4　波特率计算公式（f_{osc} 为系统频率）

选择 定时器	定时器 速度	波特率计算公式
定时器 T2	1T	定时器 T2 重载值 $= 65536 - (f_{osc}/(4×波特率))$
	12T	定时器 T2 重载值 $= 65536 - (f_{osc}/(12×4×波特率))$
定时器 T1 方式 0	1T	定时器 T1 重载值 $= 65536 - (f_{osc}/(4×波特率))$
	12T	定时器 T1 重载值 $= 65536 - (f_{osc}/(12×4×波特率))$
定时器 T1 方式 2	1T	定时器 T1 重载值 $= 256 - 2SMOD×f_{osc}/(32×波特率)$
	12T	定时器 T1 重载值 $= 256 - 2SMOD×f_{osc}/(12×32×波特率)$

6.1.2　使用串口调试助手

1．认识串口调试助手

串口调试助手也称串口助手，是一款通过计算机串口（包括 USB 口）收发数据并显示的应用软件。一般可用于调试或观察串口的运行，也可以用于采集其他系统的数据，观察系统的运行情况。串口助手使用更方便和灵活，界面更友好，串口调试助手界面如图 6.6 所示。本书所采用的 STC 单片机下载软件 stc-isp 含有串口助手，可直接使用。

图 6.6　串口调试助手界面

2．串口助手参数设置

现以下载软件 stc-isp 的串口助手功能为例，说明串口助手参数设置。如图 6.7 所示，界面上半区为接收数据区，显示模式有文本模式（可显示汉字）和 HEX 模式（显示十六进制数字）；界面中间区域为发送数据区，可直接输入等待发送给上位机（或单片机系统）的数据；界面下半部分可设置串口（计算机对应的 USB 口）、波特率、校验位和停止位，以上参数须与单片机系统 UART 通信的参数一致。图 6.7 中波特率设置为 115200Bd，则单片机 UART 通信程序中的波特率也应设置为 115200Bd。

参数设置好以后，单击"打开串口"按钮，即可与单片机系统通信。

6.1.3　编程实现串口与计算机通信

编写一个 UART 通信程序，单片机 P3.0 与 P3.1 为串口输出，要求波特率为 115200Bd，采用串口通信方式 1。

编程实现串口
与计算机通信

1．计算波特率

根据表 6.4，采用定时器 T2 作为波特率发生器，定时器速度 1T，计算得出定时器 T2 重载值（也称初值）为 0xFFE8。

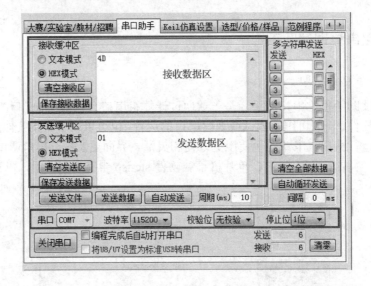

图 6.7 stc-isp 串口助手界面

2. 编写初始化程序

```
P3M0=0x02;          //P3.0 与 P3.1 为串口输出通信时,
                    //P3.1 发射端口配置为推挽输出
P3M1=0x00;
P_SW1=0x00;         //串口1选用引脚RxD-P3.0,TxD-P3.1
SCON=0x50;          //串口1工作模式1（可变波特率8位数据方式）
T2L=0xE8;           //定时器T2低字节初值,用于产生115200Bd波特率
T2H=0xFF;           //定时器T2高字节初值
AUXR=0x15;          //启动定时器T2,定时器作1T模式,选T2为波特率发生器
ES=1;               //打开串口中断允许
EA=1;               //打开中断总允许
```

3. 编写 UART 中断函数

```
Void  UART1()  interrupt 4    //UART1 中断函数
{
if(TI)
 {
    TI=0;               //发送标志位清零
 }
if(RI)
 {
    RI=0;               //接收标志位清零
    show=SBUF;          //接收到数据后给show
```

```
    SBUF=0x4d;              //接收到串口数据后，回复上位机 1 个数据 0x4d
  }
}
```

4. 运行结果

如图 6.7 所示，设置好串口助手，打开串口，在发送数据区输入数据 0x01 后单击"保存发送数据"按钮，单片机收到数据后，送回数据 0x4d，显示在串口助手接收数据区。

学生工作页

工作 1：回顾 UART 功能、串口调试助手使用

学生		时间	
	任务要求	解答区	评价
1	列出串口通信相关寄存器		
2	常用串口助手软件的性能比较		

工作 2：修改串口与计算机通信程序

学生		时间	
	修改程序段并下载程序	修改的程序段	程序下载测试结果
1	将送回串口数据改为 FF		
2	将发送数据改为 0xAA		
3	将收到的数据在实验板上显示		
4	自行创新功能		

任 务 小 结

单片机串口通信是实现远程控制的基本方式，通过配置相关寄存器完成设置，不同单片机功能相类似，差异在于相关寄存器配置方式不同，通过学习 STC 单片机串口通信，可以方便地移植到其他单片机上；串口通信方式有 4 种，可在 STC 官网上下载单片机手册阅读，进一步了解其功能。

任务 6.2　实现远程控制

任务描述

　　单片机系统与计算机、单片机系统之间的相互通信是实现远程控制的基本方式。更远距离通信如 RS-485 通信可达上千米，也是建立在 UART 串口通信基础上，其通信程序编程方法与 UART 串口通信完全相同。

　　本任务主要围绕单片机系统之间的双机通信编程，学习远程控制方法。

任务目标

- ● 能绘出双机通信接口电路。
- ● 能编程实现按键控制发送数据。
- ● 能编程实现串口接收数据并在数码管上显示。

微课堂

6.2.1　分析双机通信接口电路

双机 UART 通信演示

1. UART 通信接口电路

　　图 6.8 所示为双机通信接口电路，包含按键控制、数码管显示、UART 通信功能；2个单片机系统的 IO 口 TxD 与 RxD 交叉连接，组成 UART 通信。

　　按键用于发送数据，数码管显示接收到的数据，通信实验可以在本书配套实验板上完成，也可以自行搭建单片机电路系统。

　　UART 通信常用在计算机与外设之间，如鼠标、键盘等，也可实现近距离单片机通信。

2. RS-485 远程控制

　　UART 通信主要用于近距离的计算机外设通信，而工业远程控制常用 RS-485 通信。RS-485 收发器采用平衡发送和差分接收，抑制共模干扰能力强，传输距离可达数千米；另外，可使用 RS-485 总线组网，只需一对双绞线可实现多个系统联网，如图 6.9 所示。

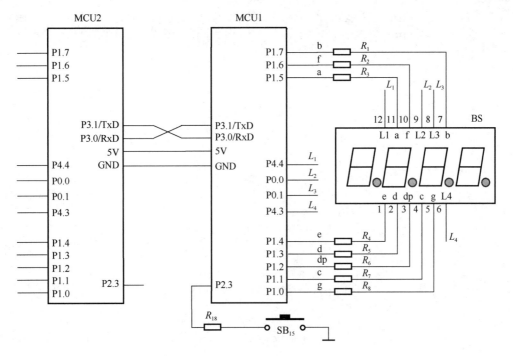

图 6.8 双机通信接口电路

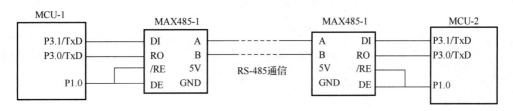

图 6.9 RS-485 远程控制

RS-485 通信编程与 UART 通信相同,简单地理解,UART 程序可完全移植到 RS-485 通信中。

6.2.2 编程实现发送信号

1. 数码管显示子程序

如图 6.8 所示,采用形参传递方式编写数码管(共阴)显示子程序。主程序直接调用数码管显示子程序即可,如显示数据 1234,指令 Display(1234);即可实现。

```
sbit LSA=P4^4;      // IO 口定义  位选 L1
sbit LSB=P0^0;      // IO 口定义  位选 L2
sbit LSC=P0^1;      // IO 口定义  位选 L3
sbit LSD=P4^3;      // IO 口定义  位选 L4
uchar code smgduan[16]={0xfa,0x82,0xb9,0xab,0xc3,0x6b,0x7b,0xa2,
```

```
                 0xfb,0xeb,0xf3,0x5b,0x78,0x9b,0x79,0x71};    //显示 0～F 的值
void Display(uint  show)            //数码管显示函数，定义形参 uint  show
{
    uchar i;
    for(i=0;i<4;i++)
    {
        P1=0x00;                    //消隐
        switch(i)                   //位选与段码点亮数码管
        {
            case(0):
                LSA=1; LSB=1; LSC=1; LSD=0;
                P1=smgduan[show/1000];  break;      //数码管显示千位
            case(1):
                LSA=1; LSB=1; LSC=0; LSD=1;
                P1=smgduan[show%1000/100];  break;    //数码管显示百位
            case(2):
                LSA=1; LSB=0; LSC=1; LSD=1;
                P1=smgduan[show%100/10];  break;     //数码管显示十位
            case(3):
                LSA=0; LSB=1; LSC=1; LSD=1;
                P1=smgduan[show%10];  break;         //数码管显示个位
        }
        delay(100);             //延时一段时间扫描
    }
}
```

数码管显示子程序可以在实验板上验证，修改 IO 口定义后，可移植到其他单片机系统。

2. 按键控制发送数据

按键控制发送程序由两部分组成，主程序检测按键是否按下，如果按下，发送数据 Numb，并且显示在数码管上，每发送一次，数据递增；完成发送后，UART1 中断函数清除发送标志位。

UART 初始化程序参考任务 6.1 的相关内容。

```
sbit key=P2^3;          // 按键 IO 口定义
while(1)                // 主程序
{
    Display(Numb);      //发送的数据显示在数码管上
    if(key==0)          //检测到按键按下
    {
        delay(10);      //延时 10ms，按键去抖动
        if(key==0)      //按键按下有效
        {
            SBUF=Numb;  //发送数据 Numb
            Numb++;     //每发送一次，数据+1
            if(Numb>99)    Numb=0;       //发送数据不超过 99
```

```
        while (key==0)                    //等待按键松开
        {
            Display(Numb);        //按键未松开，循环显示下个要发送的数据
        }
      }
    }
}

void  UART1()  interrupt  4      //UART1 中断函数
{
    if(TI)
    {
        TI=0;                          //发送标志位清零
    }
}
```

3. 程序调试

程序编译后下载到实验板，打开计算机串口调试助手，观察发送数据是否正确，具体过程可参考任务 6.1 相关内容。

6.2.3 编程实现收发信号

6.2.2 节中介绍的程序仅有发送功能，需要借助计算机串口调试助手观察数据，本节内容在此基础上增加了接收功能，并将接收到的数据显示在数码管上，实现收发功能。UART 初始化程序参考任务 6.1 相关内容。

1. 编写收发程序

```
sbit key=P2^3;            // 按键 IO 口定义
while(1)                  // 主程序
{
    Display(ReceiveData);      // 接收数据显示在数码管上
    if(key==0)               //检测到按键按下
    {
        delay(10);           //延时 10ms，按键去抖动
        if(key==0)           //按键按下有效
        {
            SBUF=Numb;       //发送数据 Numb
            Numb++;          //每发送一次，数据+1
            if(Numb>99)   Numb=0;      //发送数据不超过 99
            while (key==0)            //等待按键松开
            {
                Display(Numb);      //按键未松开，循环显示下个要发送的数据
            }
        }
```

```
    }
}

void UART1() interrupt 4          //UART1 中断函数
{
    if(TI)
    {
        TI=0;                     //发送标志位清零
    }
    if(RI)
    {
        RI=0;                     //接收标志位清零
        ReceiveData=SBUF;         //接收到数据送给数码管显示
    }
}
```

2. 程序调试

　　程序分别下载到两块实验板上，如图 6.8 所示连接两块实验板，按下其中任一实验板上的按键，另一实验板数码管会显示相应的数据，表明两机通信成功。

学生工作页

工作 1：回顾双机通信接口电路

学生		时间	
	任务要求	解答区	评价
1	画出双机通信接口电路		
2	远程控制方法性能比较		

工作 2：修改收发信号程序

学生		时间	
	修改程序段并下载程序	修改的程序段	程序下载测试结果
1	发送数据最大为 255		
2	发送数据最大为 9999		
3	A 实验板显示发送数据，B 实验板显示接收数据		
4	接收数据后蜂鸣器发声		

<h1 style="text-align:center">任 务 小 结</h1>

通信是单片机基本应用之一，随着智能化应用日益广泛，远程控制方式呈多样化发展，双机通信和多机通信中多数是基于 UART 通信方式，熟练掌握 UART 通信应用为远程控制的实现打开了大门。不同的单片机其通信模块大同小异，核心是相关寄存器的设置及通信数据的可靠性。读者可参阅相关单片机数据通信资料，勤于实践，不断提高程序编写水平。

<h1 style="text-align:center">任务 6.3 应用物联 WiFi</h1>

任务描述

WiFi 可以理解为一种无线网络传输技术，实际上就是把有线网络信号转换成无线信号，通过 WiFi 及无线路由器连接宽带网络，理论上信号传输不受空间影响，通过 WiFi 可以把任何事物联系在一起，实现物物相联。

WiFi 控制是一项复杂的技术，本任务主要通过单片机对 HC-25 WiFi 串口通信模块的控制，实现 WiFi 模块之间通信及手机与 WiFi 模块通信，达到远程控制的目的。

任务目标

- 了解 HC-25 WiFi 串口通信模块性能及接口。
- 学会阅读 HC-25 WiFi 串口通信模块技术手册。
- 掌握 HID 转串口小助手及手机网络调试助手应用。
- 编程实现 HC-25 模块之间透传和手机与模块透传。

6.3.1 认识物联 WiFi 模块

市场上成熟的 WiFi 模块产品众多，本任务选用的汇承科技第五代嵌入式 Simple-WiFi 模块 HC-25。该模块基于 UART 接口、符合 WiFi 无线网络标准的嵌入式模块，内置无线网络协议 IEEE802.11 协议栈及 TCP/IP 协议栈，能够实现用户串口数据到无线网络之间的转换。通过 UART-WiFi 模块，传统的串口设备也能轻松接入无线网络。

1. HC-25 模块技术规格

HC-25 模块采用 16 针邮票孔引脚的接口方式，广泛应用在智能家电、智能家居、医疗监护、汽车电子、工业控制和物联网等方面，其技术规格参数见表 6.5。

表 6.5　HC-25 技术规格参数

	项目	参数
无线 参数	无线标准	IEEE802.11 b/g/n
	频率范围	2.412GHz～2.484GHz
	天线类型	PCB 天线
硬件 参数	接口类型	标准 3.3VTTL 电平 UART 接口、GPIO
	接口数率	1200～921600B
	工作电压	3.3±0.3V
	工作电流	150mA（典型平均电流）
	外形尺寸	18.5mm×13mm
软件 参数	网络模式	STA/AP/AP+STA
	安全制式	WEP／WPA－PSK／WPA2－PSK
	加密类型	WEP64／WEP128／TKIP／CCMP(AES)
	串口指令	AT+ 指令集
	网络协议	TCP/UDP/HTTP/MQTT

2. HC-25 模块引脚功能

HC-25 模块接口如图 6.10 所示，模块引脚功能见表 6.6。模块 12 脚外接按键 KEY，低电平输入有效。模块 11 脚可外接 LED 指示灯（高电平输出有效），显示模块 WiFi 状态。按下 KEY 按键 7s（12 脚置低电平 7s），11 脚 LED 指示灯快闪，释放按键，模块恢复出厂设置。

图 6.10　HC-25 模块接口

表 6.6　HC-25 模块引脚功能

序号	功能	方向	说明
1	GND	I	接地
2	VCC	I	电源，3.3±0.3 V
3	UART_TX1	O	UART 数据输出，3.3V 电平
4	UART_RX1	I	UART 数据输入，3.3V 电平
5	NC		暂无功能，悬空
6	NC		暂无功能，悬空
7	NC		暂无功能，悬空
8	NC		暂无功能，悬空
9	STA		连线指示输出。联网后输出低电平，否则输出高电平
10	NC		暂无功能，悬空
11	GPIO	O	LED 指示输出（高电平输出）
12	GPIO	I	按键输入，用于恢复出厂设置（低电平有效）
13	NC		暂无功能，悬空
14	NC		暂无功能，悬空
15	NC		暂无功能，悬空
16	RESET	I	模块硬件复位输入（低电平有效，持续时间不低于 10ms）

在默认工作模式下，模块 WiFi 状态与对应 LED 指示灯状态见表 6.7。

表 6.7　模块 WiFi 状态与对应 LED 指示灯状态

模块 WiFi 状态	LED 指示灯状态
模块在 AP 状态，没有其他 STA 连接	输出高电平 1s 后，输出低电平 0.5s，以此循环（慢闪）
模块在 STA 状态，没有连接上 AP（路由器）	输出高电平 0.5s 后，输出低电平 0.5s，以此循环（慢闪）
模块在 AP+STA 共存状态，AP 和 STA 状态都没有连接	输出高电平 1s 后，输出低电平 1s，以此循环（慢闪）
模块恢复出厂配置时	输出高电平 0.1s 后，输出低电平 0.1s，以此循环（快闪）
模块已经连接上路由器，WiFi 设备连上模块 AP	输出高电平 0.1s 后，输出低电平 0.1s，再次输出高电平 0.1s，输出低电平 0.1s，等待 0.5s，以此循环（双闪）
模块已经建立连接	输出高电平，UDP（用户数据报协议）方式下双闪

1）AP 即无线接入点，是一个无线网络的创建者、网络中心节点，如家庭或办公室使用的无线路由器就是一个 AP。

2）STA 指每一个连接到无线网络中的终端（如笔记本电脑、平板电脑及其他可以联网的用户设备）称为一个 STA 站点。

基于 AP 组建的基础无线网络也称为基础网，若干 STA 加入后组成无线网络。在该网络中，AP 是整个网络的中心，网络中所有的通信都通过 AP 来转发完成。

6.3.2　编程实现 WiFi 模块通信

本任务是实现 2 个 WiFi 模块（模块与单片机组成一个系统）之间的通信，其中一个模块设置为 AP 模式，另一个模块设置为 SAT 模式，需要借助测试架连接计算机，进入 AT 指令模式查询或设置，如图 6.11 所示。

微课堂

双机 WiFi 通信演示

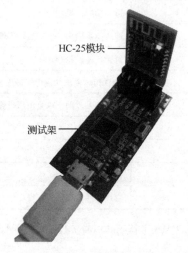

HC-25模块

测试架

图 6.11　模块与测试架连接

1.　AT 指令方式设置

HC-25 模块在与单片机连接使用前，应连接计算机用软件"HID 转串口小助手"对其进行设置，设置内容包括模块的串口波特率、工作模式、WiFi 模式（WMODE 是 AP、STA 或 AP+STA）、TCP 协议等。本任务中简要介绍 AT 指令方式设置方法，具体设置方法详阅《HC-25 WiFi 串口通信模块用户手册》（可在汇承科技官网下载）。

（1）进入 AT 指令模式

把串口助手的波特率设置成 115200Bd（模块默认波特率），在模块串口输入+++，串口助手回应 ENTERED LOCAL CONTROL MODE，说明模块进入 AT 指令模式，如图 6.12 所示，此时可以输入 AT 指令来查询与设置模块状态；输入 AT+ENTM，串口助手回应 EXITED LOCAL CONTROL MODE，表明已退出 AT 指令模式，进入透传模式，AT 指令设置之后必须重启模块才能生效。

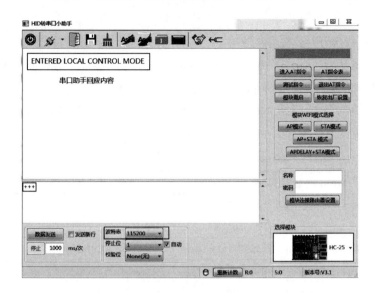

图 6.12　进入 AT 指令模式

（2）模块 AT 指令说明

HC-25 模块共计有 34 条 AT 指令，表 6.8 列举了模块 WiFi 的工作模式查询/设置及 UART 接口参数查询/设置方法，部分指令在后续内容中说明，详细请参阅《HC-25 WiFi 串口通信模块用户手册》。

表 6.8　模块 WiFi 的工作模式及 UART 接口参数查询/设置

AT+WMODE	模块 WiFi 的工作模式查询/设置
参数	模块 WiFi 的工作状态（AP，STA，AP+STA，APDELAY+STA）
查询示例	输入：AT+WMODE 回应：OK WMODE=STA　　　　　　　　　（模块是 STA 模式）
设置示例	输入：AT+WMODE=AP+STA　　（设置为 AP+STA 模式） 回应：OK
AT+UART	UART 接口参数查询/设置
参数	串口波特率（Bd）：1200、2400、4800、9600、19200、38400、57600、115200、230400、460800、921600 停止位：1，2 校验位：NONE,ODD,EVEN
查询示例	输入：AT+UART 回应：OK UART=115200,1,NONE
设置示例	输入：AT+UART=115200，1，NONE 回应：OK （注：串口波特率设置后马上生效，无须重启模块）

2. 设置模块 WiFi 模式

厂家默认参数下，HC-25 模块之间可以连接，但不能通信，需要把其中一个模块的 Socket 类型从 Server（服务器）设置为 Client（客户端）。设置后，用其中一个模块去连接另外一个模块的 AP，连上后两个模块的 Server 和 Client 之间即可互相透传。HC-25 两个模块的参数设置见表 6.9。

表 6.9 HC-25 两个模块的参数设置

A 模块：设置为服务端（AP）模式		B 模块：设置为客户端（STA）模式	
AT 指令	功能	AT 指令	功能
+++	进入 AT 指令模式	+++	进入 AT 指令模式
AT+WMODE=AP	设置为 AP	AT+WMODE=STA	设置为 STA
AT+WAP=HC-25,NONE	WiFi 配置参数	AT+WSTA=HC-25,NONE	WiFi 配置参数
AT+SOCK=TCPS,192.168.4.1,8080	Socket 透传协议	AT+SOCK=TCPC,192.168.4.1,8080	Socket 透传协议
AT+RESET	模块重启	AT+RESET	模块重启

3. 编写模块通信程序

A 与 B 模块设置后，分别与单片机实验板 UART 串口连接（模块 TXD 与单片机 RXD、模块 RXD 与单片机 TXD 分别连接），上电后，等待 B 模块连接上 A 模块，蓝灯常亮即可进行透传串口数据。

（1）模块通信实验要求

B 模块单片机实验板上按下 11 号按钮，则发出数据 0xE4。A 模块实验板收到数据显示在数码管上，同时 A 模块回复数据 0x4D 表示已收到数据；B 模块收到回复的数据 0x4D 显示在数码管上，通信成功。

（2）B 模块编程

按键子程序、UART 串口中断子程序及主程序参考例程如下，显示子程序参考本项目 6.2.2 节内容自行完成。

1）按键子程序：

```
sbit key11=P2^2;          //按键 11 用作启动发射数据
void key()                //按键 11 检测函数
{
    if(key11==0)          //按键按下检测
      {
          delay(60000);    //按键延时消抖
          if(key11==0)     //再次检测按键是否已按下
          {
              SBUF=0xE4;   //发送数据 0xE4，A 模块收到后会显示该数据
          }
      }
}
```

2）UART 串口中断子程序：

```
void UART1() interrupt 4  //UART1 中断函数
{
    if(TI)
    {
        TI=0;                   //发送标志位清零
    }
    if(RI)
    {
        RI=0;                   //接收标志位清零
        sd=SBUF;                //接收到的数据给 sd
        if(sd==0x4D)            //如果收到的数据是 0x4D,则数码管显示 4d
        {
            sw=4;
            gw=0x0D;
        }
    }
}
```

3）主程序：

```
void main()
{
    P3M0=0x02;          //串口通信时，P3.1 发送端口配置为推挽输出
    P3M1=0x00;
    P_SW1=0x00;         //串口 1 选用引脚 RXD-P3.0,TXD-P3.1
    SCON=0x50;          //串口 1 工作模式 1（可变波特率 8 位数据方式）
    T2L=0xE8;           //定时器 2 低字节初值,用于产生 115200Bd 波特率
    T2H=0xFF;           //定时器 2 高字节初值
    AUXR=0x15;          //启动定时器 T2,定时器作 1T 模式不分频,
                        //串口 1 选 T2 作为波特率发生器
    ES=1;               //打开串口中断允许
    EA=1;               //打开中断总允许
    while(1)
    {
        key();
        Display();
    }
}
```

（3）A 模块编程

A 模块程序与 B 模块程序大同小异，没有按键发送端，串口接收到数据后显示在数码管上并回复一个数据 0x4D。

UART 串口中断子程序如下，其他程序参考上述内容自行完成。

```
void UART1() interrupt 4  //UART1 中断函数
{
    if(TI)
    {
```

```
    TI=0;                  //发送标志位清零
}
if(RI)
{
    RI=0;                  //接收标志位清零
    show=SBUF;             //接收到的数据给 show
    SBUF=0x4d;             //接收到串口数据后，回复上位机 0x4d 告知已收到
}
}
```

（4）联机测试程序

将程序分别下载到两块实验板上，连接好模块，即可进行 WiFi 通信测试。

6.3.3　实现手机 APP 物联

手机 APP 物联演示

通过手机上的 APP，随时随地控制灯光、空调和窗帘等家居用品，使其组建智能家居系统是本节的任务。单片机系统接上 HC-25 WiFi 模块，通过互联网与手机 APP（HC-25 助手）连接，编程实现数据通信是本节学习的重点。手机连接 WiFi 模块步骤如图 6.13 所示。

图 6.13　手机连接 WiFi 模块步骤

1. 使 WiFi 模块连上服务器

1）打开手机 WiFi 和 GPS，手机 WiFi 列表上选择 HC-25（HC-25 插在测试板上，事先设置成 AP+STA 模式）连接上无线网络，如图 6.14 所示。

2）在手机上安装"HC-25 助手"APP，如图 6.15 所示。

图 6.14　连接 HC-25 WiFi

图 6.15　HC-25 助手

3）打开"HC-25 助手"，选择其中的 HC-25 进行连接，会显示出连接配置 HC-25 模块和当前所在的 WiFi 无线网络，等待连接成功提示，如图 6.16 所示。

4）配置成功后如图 6.17 所示，表明 HC-25 模块和手机已通过家庭路由器连接。

图 6.16　HC-25 助手连接

5）单击图 6.17 中的"跨城市透传"按钮，出现如图 6.18 所示界面，表示 HC-25 模块已通过家庭路由器上网连接到"汇承官方服务器"。记录下服务器的 IP 地址和端口号。

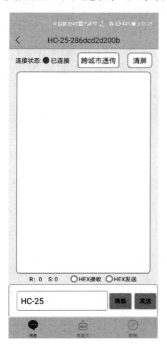

图 6.17　配置成功

图 6.18　连上服务器

6）从测试板上拔下 HC-25 模块，WiFi 模块连上服务器操作成功。

2. 手机连接

1）HC-25 模块连接到单片机实验板，接上电源。

2）手机打开"HC-25 助手"。

3）单击图 6.19 右上角+按钮，在弹出的列表中单击"连接服务器"选项。

4）在弹出的对话框中输入 IP 地址和端口号（IP 地址和端口号在设置 HC-25 模块连接无线网络时获得），如图 6.20 所示。

图 6.19　添加服务器　　　　　　　　　　　　　　　　图 6.20　输入 IP 地址和端口号

5）单击图 6.20 中的"连接"按钮。连接成功后连接状态显示"已连接"，如图 6.21 所示。

6）选中图 6.21 中的"HEX 接收"和"HEX 发送"单选按钮，在消息框中分别输入数据 3E 和 2C，单片机接收成功后分别回复数据 4D，表明通信已成功，如图 6.22 和图 6.23 所示。

图 6.21　连接成功后连接状态　　　　图 6.22　发送数据 3E　　　　图 6.23　发送数据 2C

3. 编写程序

HC-25 WiFi 模块连接上实验板（模块 TXD 与单片机 RXD，模块 RXD 与单片机 TXD 分别连接），编写互联网远程接收单片机程序，下载完成即可在"HC-25 助手"上实现互联网远程发送数据给 HC-25 模块，并在实验板数码管上显示。

远程接收程序核心是 UART 串口接收，参考 6.3.2 节相关程序自行完成。

学生工作页

工作：回顾应用物联 WiFi

学生		时间	
	任务要求	解答区	评价
1	列出 AT 指令		
2	写出 2 条 AT 指令操作格式		
3	完成实验板显示子程序		
4	编写互联网远程接收单片机程序		

任 务 小 结

本任务学习了 WiFi 模块之间、手机与 WiFi 模块通过网络传输的单片机编程，重点在于 WiFi 模块与网络连接及单片机串口通信，需要仔细阅读并研究 WiFi 模块应用技术。随着科技日益发展，新技术不断更新，借助厂家支持开发应用产品将成为单片机应用的新特点，也是今后学习的目标。

项 目 小 结

WiFi 技术广泛应用在物联网中，WiFi 模块的应用极大降低了技术难度。本项目的学习只是走出了 WiFi 物联的一小步，没有开发针对性的 APP，仅以 HC-25 助手进行演示。具体到工程应用时，专用的 APP 会有更良好的界面，操作更直观方便，读者可查询并研究类似产品，如小米智能 WiFi 插座。

知 识 巩 固

1．什么是串行通信与并行通信？

2．什么是波特率？某串口通信波特率是 9600Bd，说明其意义。

3．说说串口调试助手的用途，使用时需设置哪些参数。

4．STC 单片机，采用定时器 T2 作为波特率发生器，定时器速度 1T，计算波特率是 9600Bd 时的定时器 T2 重载值。

5．画出 RS-485 远程通信的电路框图。

6．写出 UART 串口通信中断子程序。

7．简述什么是物联网。

8．什么是 WiFi 通信？

9．查询并列出常见的 WiFi 串口通信模块，说明其主要性能特点。

10．简述什么是 AP 和 STA？

项目 7

搭建语音物联

项目说明

　　与机器进行语音交流，让机器明白你说什么，是人们梦寐以求的目标。中国物联网校企联盟形象地把语音识别比作"机器的听觉系统"。

　　语音识别技术就是让机器通过识别和理解过程，把语音信号转变为相应的文本或命令，并通过单片机或自动化系统控制执行，实现人机对话。

　　本项目通过学习语音识别模块与单片机控制执行原理，了解"孤立词识别"的语音识别技术，实现语音物联控制，可应用于如智能家居、车载物联、医疗保健等领域。

知识目标

- 了解语音识别技术及在物联网中的应用。
- 会依据应用场合选用合适的语音识别模块。
- 掌握语音识别典型芯片 LD3320 基本原理。

技能目标

- 学会应用语音识别底层程序，通过修改识别词条达到控制要求。
- 会通过移植语音识别底层程序，编写语音识别单片机系统。
- 应用厂家定制的语音识别模块，建立语音控制台灯系统。

任务 7.1　探秘语音识别

任务描述

　　语音识别技术主要包括特征提取技术、模式匹配准则和模型训练技术 3 个方面。所涉及的领域包括信号处理、模式识别、概率论和信息论、发声机理和听觉机理、人工智能等。

　　本任务通过学习语音识别模块 LDV7（基于 LD3320）的应用，了解单片机语音识别电路结构，学会运用 LDV7 模块底层程序修改语音识别词条，能用串口助手调试语音识别程序。

任务目标

- 认识基于 LD3320 的语音识别模块 LDV7。
- 会操作串口调试助手。
- 运用 LDV7 模块底层程序修改语音识别词条。

7.1.1　认识语音识别模块

1. 认识语音芯片 LD3320

（1）芯片概述

LD3320 芯片是一款语音识别专用芯片，由 ICRoute 公司设计生产。此芯片集成了语音识别处理器和一些外部电路，包括 AD/DA 转换器、麦克风接口、声音输出接口等；在设计上注重节能与高效，不需要外接任何辅助芯片（如 Flash、RAM 等），直接集成在现有的产品中即可实现语音识别、声控和人机对话等功能。

　　语音识别的关键词语列表可以任意动态编辑，每次识别最多可以设置 50 项候选识别句，每个识别句可以是单字、词组或短句，长度为不超过 10 个汉字或者 79 字节的拼音串。

　　LD3320 芯片引脚分布图如图 7.1 所示，芯片采用 48 脚 QFN 封装，大小约为 7mm×7mm×0.85mm，体积小巧，管脚排列合理。LD3320 芯片实物图如图 7.2 所示。

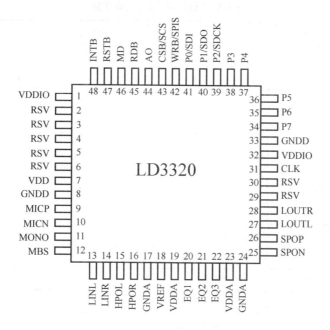

图 7.1　LD3320 芯片引脚分布图

图 7.2　LD3320 芯片实物图

（2）引脚功能

LD3320 芯片引脚功能见表 7.1。

表 7.1　LD3320 芯片引脚功能

引脚编号	名称	功能说明
1、32	VDDIO	数字 I/O 电路用电源输入，1.65V～VDD
2～5	RSV	根据电路原理图连接上拉电阻
6	RSV	可以悬空
7	VDD	数字逻辑电路用电源，3.0～3.3V
8、33	GNDD	IO 和数字电路用接地
9、10	MIC[P,N]	麦克风输入（正负端）
11	MONO	单声道 LineIn 输入
12	MBS	麦克风偏置
13、14	LIN[L, R]	立体声 LineIn（左右端）
15、16	HPO[L, R]	耳机输出（左右端）
17、24	GNDA	模拟电路用接地
18	VREF	声音信号参考电压
19、23	VDDA	模拟信号用电源，3.0～4.0V
20	EQ1	喇叭音量外部控制 1
21	EQ2	喇叭音量外部控制 2
22	EQ3	喇叭音量外部控制 3
25、26	SPO[N, P]	喇叭输出
27、28	LOUT[L, R]	LineOut 输出
29、30	RSV	辅助电路，详情参考完整手册说明
31	CLK	时钟输入 4MHz～48MHz
34	P7	并行口（第 7 位）连接上拉电阻
35	P6	并行口（第 6 位）连接上拉电阻
36	P5	并行口（第 5 位）连接上拉电阻
37	P4	并行口（第 4 位）连接上拉电阻
38	P3	并行口（第 3 位）连接上拉电阻
39	P2/SDCK	并行口（第 2 位），共用 SPI 时钟，连接上拉电阻
40	P1/SDO	并行口（第 1 位），共用 SPI 输出
41	P0/SDI	并行口（第 0 位），共用 SPI 输入，连接上拉电阻
42	WRB/SPIS	写允许（低电平有效），共用 SPI 允许（低电平有效）连接上拉电阻
43	CSB/SCS	并行方式片选信号，共用 SPI 片选信号，连接上拉电阻

续表

引脚编号	名称	功能说明
44	AO	地址或数据选择。在 WRB 有效时，AO 高电平时，P0～P7 输入是地址；AO 低电平时，P0～P7 输入是数据。连接上拉电阻
45	RDB	读允许（低电平有效）连接上拉电阻
46	MD	0：并行工作方式，连接上拉电阻 1：串行工作方式（SPI 协议），连接上拉电阻
47	RSTB	复位信号（低电平有效）连接上拉电阻
48	INTB	中断输出信号（低电平有效）连接上拉电阻

1）时钟（CLK）。芯片必须连接外部时钟，可接受的频率范围是 4MHz～48MHz；而芯片内部还有 PLL 频率合成器，可产生特定的频率供内部模块使用。

2）复位。对芯片的复位信号（RSTB）必须在 VDD/VDDA/VDDIO 都稳定后进行。无论芯片正在进行何种运算，复位信号都可以使它恢复初始状态，并使各寄存器复位。如果没有后续的指令（对寄存器的设置），复位后芯片将进入休眠状态。此后，1 个 CSB 信号就可以重新激活芯片进入工作状态。

3）并行接口。芯片可通过并行方式和外部主 CPU 连接，此时使用 8 根数据线（P0～P7）、4 个控制信号（WRB、RDB、SCS、A0），以及 1 个中断返回信号（INTB）。

4）串行接口。串行接口通过 SPI 协议和外部主 CPU 连接，首先要将 MD 接高电平，而将（SPIS）接地。此时只使用 4 个引脚，分别为片选（SCS）、SPI 时钟（SDCK）、SPI 输入（SDI）和 SPI 输出（SDO）。

5）喇叭音量的外部控制。芯片可以通过特定寄存器来控制音量，芯片外部的电路还可以控制喇叭的音量增益。使用的是 EQ1、EQ2、EQ3 对应的引脚。

（3）LD3320 寄存器及读写时序

LD3320 内有 63 个寄存器，大部分都是有读和写的功能，有的接收数据，有的设置开关和状态，对芯片的设置和命令，包括传送数据和接收数据，都是通过对寄存器的操作来完成的。进行语音识别时，先设置识别的关键词语列表，再设定芯片的识别模式，识别完成后获得识别结果都是通过读/写寄存器来完成。播放声音时，就是将 MP3 格式的数据循环放入 FIFO 对应的寄存器。识别结果是通过寄存器返回识别出的关键词语在关键词语列表中的排列序号数值，该数值是在设置关键词语列表时指定的。

寄存器读写操作有两种方式，即并行方式（软件模拟或硬件方式）和串行 SPI 方式（软件模拟或硬件方式），读写方式需要协议时序进行。

1）并行方式。第 46 脚（MD）接低电平时按照此方式工作，图 7.3 和图 7.4 所示为并行方式写时序和读时序。由时序图可以看到，AO 负责通知芯片是数据段还是地址段。AO 为高时是地址段，而 AO 为低时是数据段。发送地址段和写数据段时 CSB 和 WRB 必须为低电平，而读数据段时 CSB 和 RDB 为低电平，WRB 为高电平。

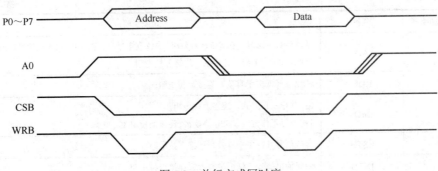

图 7.3　并行方式写时序

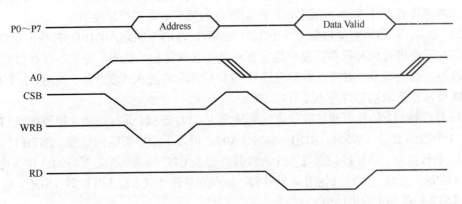

图 7.4　并行方式读时序

2）串行 SPI 方式。第 46 脚（MD）接高电平，且第 42 脚（SPIS）接地时按照此方式工作。图 7.5 和图 7.6 所示为 SPI 方式写时序和读时序。

写入时要先给 SDI 发送一个"写"指令（04H），然后给 SDI 发送 8 位寄存器地址段，再给 SDI 发送 8 位数据段。在这期间，SCS 必须保持有效（低电平）。

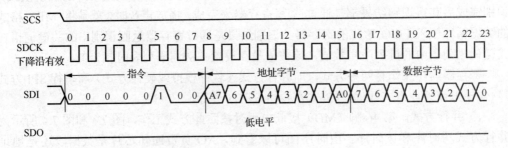

图 7.5　SPI 方式写时序

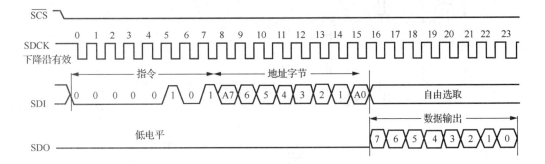

图 7.6　SPI 方式读时序

读出时要先给 SDI 发送一个"读"指令（05H），然后给 SDI 发送 8 位寄存器地址段，再从 SDO 接受 8 位数据段。在这期间，SCS 必须保持有效（低电平）。

2. 分析 LDV7 语音识别模块电路

（1）LDV7 模块概述

LDV7 为一体化语音识别模块，其正反面如图 7.7 所示，其核心是 LD3320 语音识别芯片及 STC11L08XE 单片机。板上内置驻极体话筒，同时提供外接话筒端子；可以通过串口通信（UART）端口连接计算机串口调试助手进行调试；16 个单片机 IO 口独立引出，可与外部单片机进行通信交互信息，亦可控制继电器等设备，最多可设置 50 条识别词条，厂家提供语音识别底层驱动程序，应用方便。

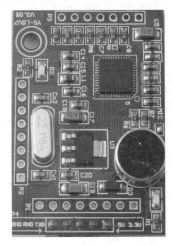

图 7.7　LDV7 模块正反面

（2）分析 LDV7 模块与单片机接口电路

图 7.8 所示为 LDV7 模块与单片机接口电路，语音芯片 LD3320 外接驻体话筒（引脚 9 与 10）、音频线路输入（引脚 13 与 14）及电源和其他辅助元件，重点理清 LD3320 芯片与单片机 STC11L08XE 的联系。

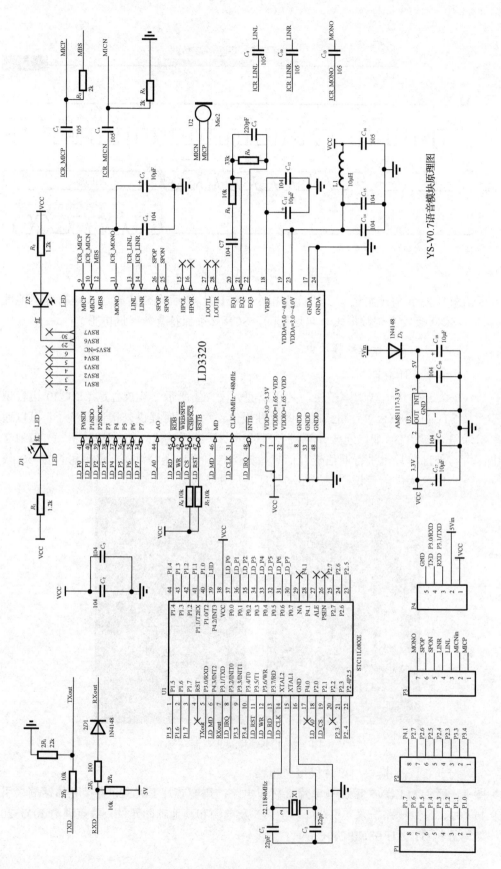

图 7.8 LDV7 模块与单片机接口电路

LDV7 模块与单片机采用并口通信方式，单片机 P0 口（LD_P0～LD_P7）与 LD3320 芯片并行口 P0.0～P0.7 连接，完成数据或地址传输；LD3320 芯片引脚 31、44、45、42、43、47、48 与单片机连接，完成控制功能，具体引脚功能可参见表 7.1。

单片机的其他引脚如 P1 口可以外接其他需要控制的负载，如图 7.9 所示，IO 口 P1.0 通过继电器 K 控制灯 LAMP 的开与关，P1.0 输出高电平时，则灯 LAMP 点亮。

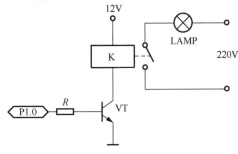

图 7.9 外接控制负载

7.1.2 测试语音识别模块

测试语音识别模块

1. 工具准备

LDV7 语音识别模块出厂时默认安装好驱动软件，可通电测试识别效果。通过 USB 转 TTL 下载线连接模块与计算机，在串口助手调试软件窗口上观察到识别结果，串口助手可以用 STC 单片机下载 STC-ISP 软件，也可以采用其他串口助手软件。

2. 测试模块

1）如图 7.10 所示，将 LDV7 模块、USB 转 TTL 下载线连接上计算机，模块的 5V 电源线暂时断开。

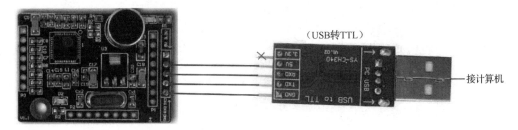

图 7.10 LDV7 模块连接 USB 转 TTL 下载线

2）打开 STC-ISP 串口助手，为使观察窗口足够大，将串口助手界面调为最大。

3）LDV7 模块串口通信波特率是 9600Bd，STC-ISP 串口助手对应调整好波特率，串口接收缓冲区选中"文本模式"单选按钮，如图 7.11 所示。

图 7.11　STC-ISP 串口助手界面

4）单击图 7.11 中的"打开串口"按钮，接上 LDV7 模块 5V 电源，初次上电模块输出预设口令显示在串口助手接收缓冲区，一级口令是"小杰"，二级口令共有 7 条语句，如图 7.12 所示。一级口令的意义是启动语音识别，告知它后面要下达"命令"了。

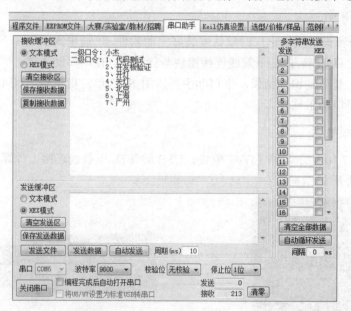

图 7.12　LDV7 模块输出口令

5）测试语音识别。对准模块上的驻极体话筒，说出一级口令"小杰"，串口显示"收到"，再说出二级口令如"开灯"，串口对应显示"开灯命令识别成功"；如果直接说出二级口令，串口显示"请说出一级口令"。可反复测试，直至语音识别成功。语音识别成功的显示界面如图 7.13 所示。

图 7.13　语音识别成功

7.1.3　修改语音识别词条

1. 分析 LDV7 模块底层程序

微课堂

修改语音识别词条

LDV7 模块提供了完整的测试程序，不但包含底层驱动程序，还包含主程序 main.c、语音识别子程序 LDChip.c、单片机对 LD3320 读写程序 Reg_RW.c、串口通信程序 usart.c 及相应的.h 文件。

初次接触语音识别程序，对程序结构掌握不够时，应不改动程序。学习测试程序的核心是识别一级口令"小杰"和 7 条二级口令，以及输出识别结果或执行相应动作。在程序中相关的核心指令如下。

（1）初次上电输出口令程序段

打开主程序 main.c，找到 #ifdef　TEST 定义程序段，定义一级口令及二级口令共 8 行指令，一级口令和二级口令可根据需要进行修改。

```
void  main(void)
{
   uint8 idata nAsrRes;
   uint8 i=0;
   Led_test();
   MCU_init();
   LD_Reset();
   UartIni();                  //串口初始化
   nAsrStatus = LD_ASR_NONE;

   #ifdef TEST
   PrintCom("一级口令：小杰\r\n");           // 输出  一级口令：小杰
   PrintCom("二级口令：1、代码测试\r\n"); //输出  二级口令:1、代码测试
   PrintCom("   2、开发板验证\r\n") ;       //输出    2、开发板验证
   PrintCom("   3、开灯\r\n");              //输出    3、开灯
   PrintCom("   4、关灯\r\n");              //输出    4、关灯
   PrintCom("   5、北京\r\n");              //输出    5、北京
   PrintCom("   6、上海\r\n");              //输出    6、上海
   PrintCom("   7、广州\r\n");              //输出    7、广州
```

```
    #endif
    ...
}
```

（2）识别词条定义程序段

打开语音识别子程序 LDChip.c，找到函数 uint8 LD_AsrAddFixed()，识别词条以拼音书写，中间以一个空格分开。可根据需要进行修改识别词条，但必须与上述#ifdef TEST 定义程序段保持一致。

```
uint8 LD_AsrAddFixed()
{
    uint8 k, flag;
    uint8 nAsrAddLength;
    #define DATE_A 8     //数组二维数值
    #define DATE_B 20        //数组一维数值
    uint8 code sRecog[DATE_A][DATE_B] = {
                            "xiao jie",\          //小杰
                            "kai fa ban yan zheng",\ //开发板验证
                            "dai ma ce shi",\        //代码测试
                            "kai deng",\          //开灯
                            "guan deng",\         //关灯
                            "bei jing",\          //北京
                            "shang hai",\         //上海
                            "guang zhou"          //广州
                                };
    ...
}
```

（3）串口通信输出识别结果及执行程序段

打开主程序 main.c，找到用户执行函数 void User_handle(uint8 dat)，PrintCom()输出函数，输出内容是括号中的文字，如 PrintCom(""关灯"命令识别成功\r\n")输出是"关灯"。这条语句主要是调试用，在计算机串口通信软件上显示给用户看，实际工程应用时是没有意义的，应用时通常是单片机某个 IO 口输出高电平或低电平驱动外接负载执行，类似如图 7.9 所示的外接控制负载。

```
void    User_handle(uint8 dat)
{
    if(0==dat)
    {
        G0_flag=ENABLE;
        LED=0;
        PrintCom("收到\r\n");        //输出：收到
    }
    else if(ENABLE==G0_flag)
    {
        G0_flag=DISABLE;
        LED=1;
        switch(dat)
        {
```

```
            case CODE_DMCS:
                PrintCom(""代码测试"命令识别成功\r\n");
                break;
            case CODE_KFBYZ:
                PrintCom(""开发板验证"命令识别成功\r\n");
                break;
            case CODE_KD:
                PrintCom(""开灯"命令识别成功\r\n");
                break;
            case CODE_GD:
                PrintCom(""关灯"命令识别成功\r\n");    //输出:关灯
                break;
            case CODE_BJ:
                PrintCom(""北京"命令识别成功\r\n");    //输出:北京
                break;
            case CODE_SH:
                PrintCom(""上海"命令识别成功\r\n");
                break;
            case CODE_GZ:
                PrintCom(""广州"命令识别成功\r\n");
                break;
            default:PrintCom("请重新识别发口令\r\n"); break;
        }
    }
    else
    {
        PrintCom("请说出一级口令\r\n");
    }
}
```

2. 修改语音识别词条

语音识别程序复杂,由多个 C 文件组成,初始应用时可从修改语音识别词条开始学习,通过上述对 LDV7 模块的测试程序分析,可根据自己需求,修改识别词条,达到语音控制目的。注意,修改时,上述 3 个函数中的词条必须保持一致。

用户执行函数 void User_handle(uint8 dat),增加控制电灯开关,修改如下。原测试程序有关执行开灯指令:

```
    case CODE_KD:
        PrintCom(""开灯"命令识别成功\r\n");
        break;
    case CODE_GD:
        PrintCom(""关灯"命令识别成功\r\n");
        break;
```

修改成:

```
    case CODE_KD:
        PrintCom(""开灯"命令识别成功\r\n"); //实际工程应用时可删除此指令
        P1.0=1;   //开灯
```

```
        break;
    case CODE_GD:
        PrintCom("“关灯”命令识别成功\r\n");   //实际工程应用时可删除此指令
        P1.0=0；//关灯
        break;
```

如图 7.9 所示外接控制继电器及灯负载，即可达到语音控制开关灯的效果。

学生工作页

工作 1：回顾语音识别模块

学生		时间	
	任务要求	解答区	评价
1	搭建语音物联，写出语音控制的场景		
2	列出语音识别模块种类		

工作 2：修改语音识别词条程序

学生		时间	
	修改程序段并下载程序	修改的程序段	程序下载测试结果
1	一级口令：张小明		
2	二级口令：1.开空调		
3	二级口令：2.关空调		
4	二级口令：3.开灯		
5	二级口令：4.关灯		
6	二级口令：5.开风扇		
7	二级口令：6.关风扇		
8	二级口令：7.老师好		

任 务 小 结

本任务通过学习 LDV7 语音识别模块，初步了解语音识别的基础知识；通过修改识别词条，增加单片机外接负载，掌握初步开发语音识别控制。本任务也可选用市场上任意一种成熟模块，同样能达到学习目的。

任务 7.2　实现语音物联

任务描述

任务 7.1 学习了以 LD3320 为核心的语音识别模块，优点是用户可在线修改识别词条，但价格较高，不适用于小家电等小系统运用。近年来，不少厂家开发出了定制词条的语音识别模块，词条由专用设备定制，并且后期不能再修改，但价格低廉，适用于玩具、小家电等。本任务以此类模块在实验板上建立一个语音控制 LED 灯的小系统，直接面向工程应用。

任务目标

- 了解定制词条的语音识别模块使用方法。
- 会借助串口调试助手等工具调试程序。
- 会控制 LED 灯亮灭及调光。
- 能扩展外部控制设备，建立智能家居灯光物联系统。

7.2.1　认识定制语音识别模块

1. 分析 SNR3512VR 模块电路

SNR3512VR 是基于 32 位的高品质语音识别处理器,其语音识别算法处理能力较强,外接驻极体话筒、小功率喇叭及少量外围元件即可组建语音识别系统。SNR3512VR 模块电路如图 7.14 所示,SNR3512VR 引脚 14 与 15 为 UART 通信 IO 口,可与单片机通信,构成语音识别控制系统。

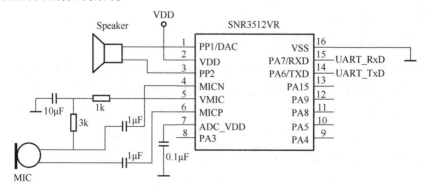

图 7.14　SNR3512VR 模块电路

单片机技术及应用项目教程（工作页一体化）

SNR3512VR 模块外形小巧，引脚可与单片机直接连接。SNR3512VR 模块 PCB 如图 7.15 所示，模块基本功能见表 7.2。

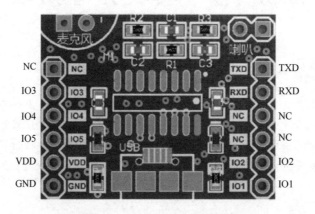

图 7.15 SNR3512VR 模块 PCB

表 7.2 SNR3512VR 模块基本功能

功能	说明
识别类型	高稳定度的非特定人语音识别模块，无须用户录音训练
识别语种	可识别 32 种语言，支持世界上多语种识别
识别距离	6～8m 识别距离（安静环境下），识别率高达 85%以上
语音播报	高品质/高分贝语音回复播报，直驱喇叭输出(5V/1.5W)
通信协议	通过 UART 串口输出/查询/控制
识别词条	多条词条进行识别

SNR3512VR 模块广泛应用在智能家居、智能玩具等领域，如智能窗帘机、智能马桶、智能化妆台、智能家电声控操作、电风扇、床头灯、自动售货机、导游机及楼宇电视广播等。

2. 建立灯光语音控制电路系统

如图 7.16 所示，语音通过话筒 MIC 输入 SNR3512VR 识别后，喇叭 Speaker 输出反馈音，同时通过 RXD/TXD 输出相应指令给单片机，单片机接收指令后，执行不同的负载驱动。单片机 IO 口 P1.0 输出高电平，继电器 K 吸合，灯 LAMP 点亮；P1.0 输出低电平，继电器 K 释放，灯 LAMP 灭，实现语音控制灯光功能。

单片机有多个 IO 口可配置不同的外围电路，可完成智能控制窗帘、家电等。

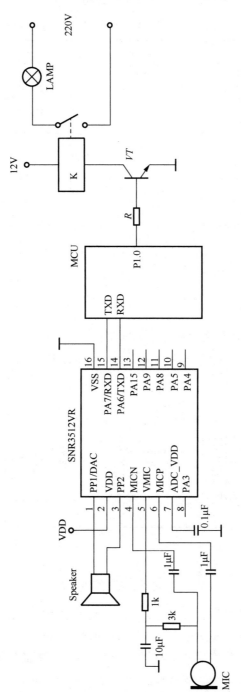

图 7.16 语音控制灯光电路

SNR3512VR 模块部分唤醒词、反馈音及输出指令见表 7.3，单片机接收到不同的输出指令（4 组数据）后，判断执行相应的 IO 口驱动。

表 7.3　SNR3512VR 模块部分唤醒词、反馈音及输出指令

指令序号	唤醒词	反馈音	输出指令
指令 1	小星小星	我在呢	0xF4 0x06 0x01 0xFB
指令 2	打开灯光	灯已打开	0xF4 0x06 0x02 0xFC
指令 3	关闭灯光	灯已关闭	0xF4 0x06 0x03 0xFD
指令 4	最大亮度	已经最亮	0xF4 0x06 0x0A 0x04
指令 5	最小亮度	已经最暗	0xF4 0x06 0x0B 0x05
指令 6	睡眠模式	已切换睡眠模式	0xF4 0x06 0x09 0x03
唤醒后 10s 内无指令进入		我已退出，再见	0xF4 0x06 0x13 0x0D

7.2.2　编程实现灯光语音物联

1. 程序流程分析

SNR3512VR 语音模块与实验板连接如图 7.17 所示，采用 UART 串口通信实现数据传输，实验板载 RGB 三色 LED 模拟控制灯光，三色 LED 全亮为灯光最亮，只亮一种颜色为灯光最暗。

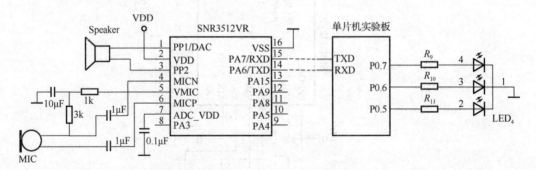

图 7.17　语音控制与实验板连接

单片机串口接收到指令后，与表 7.3 中的"输出指令"比较，根据相应的语音指令控制 RGB 三色 LED。输出指令有 4 个 8 位数，前两个数据 0xF4 0x06 都相同，单片机判断时可以略去，仅比较指令后两个数据。分析表 7.3，更简化的做法为仅比较指令第三个数据即可分辨出指令功能，语音控制调光程序流程如图 7.18 所示。

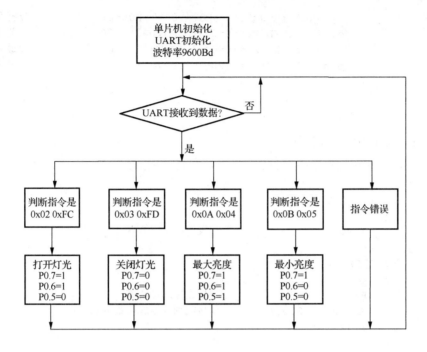

图 7.18　语音控制调光程序流程图

2. 编程实现语音控制调光

1）主程序：

```
unsigned char RXD[4]={0,0,0,0};    //收到的数据
unsigned char k,START;
void main()
{
    P0=0x00;            //关 LED
    P3M0=0x80;          //串口通信时，P3.7 发射端口配置为推挽输出
    P3M1=0x00;
    P_SW1=0x40;         //串口 1 选用引脚 RxD-P3.6,TxD-P3.7
    SCON=0x50;          //串口 1 工作模式 1（可变波特率 8 位数据方式）
    T2L=0xE0;           //定时器 2 低字节初值，用于产生 9600Bd 波特率
    T2H=0xFE;           //定时器 2 高字节初值
    AUXR=0x15;          //启动定时器 T2，定时器作 1T 模式不分频，
                        //串口 1 选 T2 作波特率发生器
    ES=1;               //打开串口中断允许
    EA=1;               //打开中断总允许
    while(1)
    {
        if(RXD[2]==0x01) START=1;    //语音系统已启动
        if(RXD[2]==0x13) START=0;    //语音系统已退出,命令清零
        if(START==1)
        {
```

```
            if(RXD[2]==0x02)  {P07=P06=1;P05=0;}           //打开灯光
            else if(RXD[2]==0x03)  {P07=P06=P05=0;  }       //关闭灯光
            else if(RXD[2]==0x0A)  {P07=P06=P05=1;  }       //最大亮度
            else if(RXD[2]==0x0B)  {P07=1; P06=P05=0;}      //最小亮度
        }
    }
}
```

2）串口通信中断子程序：

```
void Timer1() interrupt 4    //UART1 中断函数
{
    if(TI)
    {
        TI=0;                //发送标志位清零
    }
    if(RI)
    {
        RI=0;                //接收标志位清零
        RXD[k++]=SBUF;       //接收到数据放在数组 RXD[]中
        if(k==4)  k=0;
    }
}
```

3）程序编译后，下载到实验板，测试语音识别效果。

学生工作页

工作 1：回顾定制语音识别模块

学生		时间	
	任务要求	解答区	评价
1	查询 LD3320 官方资料		
2	查询同类模块		

工作 2：修改灯光语音物联程序

学生		时间	
	修改程序段并下载程序	修改的程序段	程序下载测试结果
1	语音控制实验板上其他三色 LED		
2	语音启动时蜂鸣器发出一声"嘀"		
3	语音控制交通灯运行		

任 务 小 结

消费类电子产品如智能家电、玩具的语音识别系统，除需要满足性能可靠、交互体验良好等要求外，成本控制也是非常重要的，本任务学习的语音识别模块面向应用设计，性价比高，类似模块市场供应比较多，读者可以自行查询。

语音识别控制的核心是指令的接收与判断，UART 串口通信在项目中多次应用，说明单片机通信功能的重要性，须在今后的实践中反复练习，熟能生巧。

项 目 小 结

语音识别在生活及工业中应用很广泛，如小米音箱、苹果手机的 Siri 等。语音识别处理技术比较复杂，应用时往往采用成熟的语音识别模块，因为语音识别模块功能有限，不具备学习功能，所以只能识别关键词条；为提高抗干扰性能，需要唤醒词先唤醒系统，与在线语音系统（如迅飞软件）不同。学习了本项目内容，可快速进行嵌入式语音识别应用设计。

知 识 巩 固

1. 何谓语音控制？请列举生活中的应用案例。

2. 本项目学习了语音控制芯片 LD3320，请上网查阅还有哪些专用语音控制芯片，列举 3～5 种型号。

3. 什么是语音识别的关键词？

4. 本项目学习了两种类型的语音识别模块，市场上还有哪些广泛使用的识别模块？

5. 单片机控制的语音识别系统，往往需要如"小爱"开头的唤醒词，其意义是什么？

6. 试比较项目中学习的两类语音识别模块的异同。

7. 试着搭建一个语音识别台灯系统，并画出电路图。

项目 8

应用射频卡 RFID

 项目说明

RFID（radio frequency identification，射频识别），又称电子标签、无线射频识别，是一种短距离通信技术。采用射频技术实现的非接触式 IC 卡，又称为射频卡，常用于公交、轮渡、地铁的自动收费系统，也可用于门禁管理、身份证和电子钱包。

本项目通过读写 RFID 和制作刷卡门禁系统 2 个任务，从认识射频卡及 RFID 工作原理入手，到读写卡程序包的学习，逐步掌握射频卡 RFID 的应用程序编写。

 知识目标

- 认识射频卡及其工作原理。
- 会分析射频卡驱动电路。
- 能看懂读写射频卡程序包中的函数及意义。

 技能目标

- 会编写、读写射频卡的程序。
- 会运用程序包编程实现门禁系统程序。

任务 8.1 读写射频卡

任务描述

射频卡与读写设备无电气接触，读写操作只需将卡片放在读写器附近一定距离内就能实现数据交换。本任务从认识射频卡入手，学习 RFID 工作原理及射频卡驱动电路。

任务目标

● 认识射频卡内部存储结构。
● 理解射频卡与读写器的通信过程。
● 会分析射频驱动电路。

8.1.1 认识射频卡

Mifare 1 射频卡（简称 M1 卡）是 Philips 公司采用 13.56MHz 非接触性辨识技术实现的射频卡，具有方便快捷、可靠性高、一卡多用的特点。

1. M1 卡存储结构

如图 8.1 所示，M1 卡内部 8K EEPROM 分为 16 个扇区，每个扇区 4 个块（块 0、

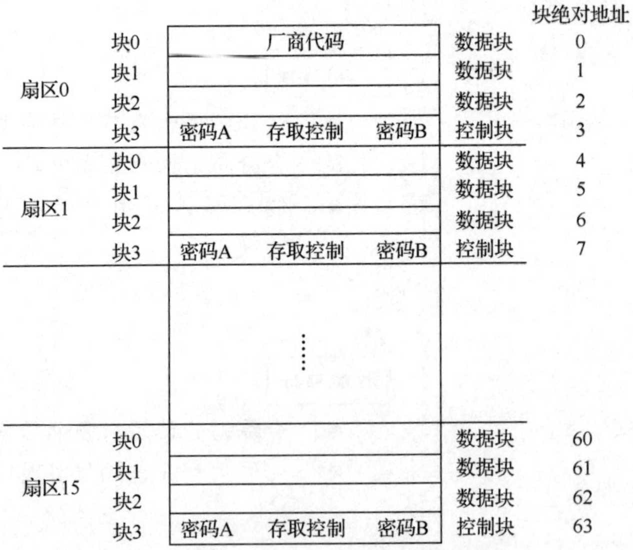

						块绝对地址
扇区0	块0		厂商代码		数据块	0
	块1				数据块	1
	块2				数据块	2
	块3	密码A	存取控制	密码B	控制块	3
扇区1	块0				数据块	4
	块1				数据块	5
	块2				数据块	6
	块3	密码A	存取控制	密码B	控制块	7
扇区15	块0				数据块	60
	块1				数据块	61
	块2				数据块	62
	块3	密码A	存取控制	密码B	控制块	63

图 8.1 M1 卡内部存储结构图

块 1、块 2、块 3），每块 16 字节。存取时以块为单位，16 个扇区的 64 个块按绝对地址编号为 0～63。

除第 0 扇区的块 0（绝对地址 0 块）被用于存放厂商代码，已经固化，不可更改外，其余扇区的块 0、块 1、块 2 都为数据块，可用于存储数据，进行读、写、加值、减值、初始化操作。每个扇区的块 3 为控制块，包括密码 A、存取控制和密码 B。控制块字节含义见表 8.1。

表 8.1 控制块字节含义

字节号	0	1	2	3	4	5	6	7	8	9	10	11	12	13	14	15
默认值	FF	FF	FF	FF	FF	FF	FF	07	80	69	FF	FF	FF	FF	FF	FF
含义	密码 A(6 字节)						存取控制(4 字节)				密码 B(6 字节)					

2. M1 卡块存取条件

M1 卡每个扇区相互独立，扇区中每个块的存取条件由块 3 中的密码和存取控制共同决定。在存取控制中每个块都有相应的 3 个控制位，决定该块的访问权限。数据块和控制块的访问权限见表 8.2 和表 8.3。

表 8.2 数据块的访问权限

控制位 (x=块0，块1，块2)			读	写	加值	减值/初始化
C1x	C2x	C3x				
0	0	0	密码 A/B	密码 A/B	密码 A/B	密码 A/B
0	0	1	密码 A/B	不允许	不允许	密码 A/B
0	1	0	密码 A/B	不允许	不允许	不允许
0	1	1	密码 B	密码 B	不允许	不允许
1	0	0	密码 A/B	密码 B	不允许	不允许
1	0	1	密码 B	不允许	不允许	不允许
1	1	0	密码 A/B	密码 B	密码 B	密码 A/B
1	1	1	不允许	不允许	不允许	不允许

表 8.3 控制块的访问权限

控制位			密码 A		存取控制		密码 B	
C13	C23	C33	读	写	读	写	读	写
0	0	0	不允许	密码 A/B	密码 A/B	不允许	密码 A/B	密码 A/B
0	0	1	不允许	密码 A/B	密码 A/B	密码 A/B	密码 A/B	密码 A/B
0	1	0	不允许	不允许	密码 A/B	不允许	密码 A/B	不允许
0	1	1	不允许	密码 B	密码 A/B	密码 B	不允许	密码 B
1	0	0	不允许	密码 B	密码 A/B	不允许	不允许	密码 B
1	0	1	不允许	不允许	密码 A/B	密码 B	不允许	不允许
1	1	0	不允许	不允许	密码 A/B	不允许	不允许	不允许
1	1	1	不允许	不允许	密码 A/B	不允许	不允许	不允许

表中"密码 A/B"表示验证密码 A 或密码 B 正确后，可以进行对应数据操作；"密码 B"表示只有在密码 B 验证正确的情况下，才可进行对应数据操作。

控制位在存取控制字节中的位置见表 8.4，其中字节 9 为备用字节，默认值为 69。

表 8.4　控制位在存取控制字节中的位置

字节号	位号							
	7	6	5	4	3	2	1	0
字节 6	C23_b	C22_b	C21_b	C20_b	C13_b	C12_b	C11_b	C10_b
字节 7	C13	C12	C11	C10	C33_b	C32_b	C31_b	C30_b
字节 8	C33	C32	C31	C30	C23	C22	C21	C20
字节 9	69	69	69	69	69	69	69	69
所属块	块 3	块 2	块 1	块 0	块 3	块 2	块 1	块 0

注：_b 表示取反。

以厂商默认存取控制值 FF 07 80 69 为例，读取扇区中每个块（包括数据块和控制块）的存取条件。

步骤 1：将前三位数值转为二进制数，如表 8.5 所示。

表 8.5　厂商默认存取控制值

字节号	位号							
	7	6	5	4	3	2	1	0
字节 6	1	1	1	1	1	1	1	1
字节 7	0	0	0	0	0	1	1	1
字节 8	1	0	0	0	0	0	0	0
所属块	块 3	块 2	块 1	块 0	块 3	块 2	块 1	块 0

步骤 2：对照表 8.4 获取每个块的控制位。C10，C20，C30=000；C11，C21，C31=000；C12，C22，C32=000；C13，C23，C33=001。

步骤 3：查看表 8.2 确定每个数据块的访问权限，3 个数据块的存取条件都为验证密码 A 或密码 B 正确后，可进行数据读、写、加值、减值、初始化操作。查看表 8.3 确定控制块的访问权限，验证密码 A 或密码 B 正确后，可对密码 A 进行写（不允许读），对存取控制、密码 B 进行读写操作。

3. M1 卡与读写器通信

（1）工作原理

当 M1 卡检测到由读写器发送的 13.56MHz 电磁波后，卡内的 LC 串联谐振电路（频率与读写器发射的频率相同）会在电磁波的激励下，产生共振，电容上产生电荷；在这个电容的另一端，接有一个单向导通的电子泵，能够将电容内的电荷送到另一个电容内存储；当积累的电荷达到 2V，存储电容作为电源提供 M1 卡工作电压，将卡内数据发射出去或接收读写器的数据。

（2）通信过程

M1 卡与读写器的通信流程如图 8.2 所示。

图 8.2 M1 卡与读写器通信流程

复位应答：M1 卡的通信协议和通信波特率是定义好的，当有卡片进入读写器的操作范围时，读写器以特定的协议与它通信，从而确定该卡片是否为 M1 卡，即验证是否有卡片出现。

防冲突机制：当有多张卡片进入读写器操作范围时，防冲突机制会从其中选择一张进行操作，未选中的处于空闲模式，等待下一次选卡。

选择卡片：选择被选中卡片的序列号（每张 M1 卡都有唯一的序列号），并同时返回卡片的容量代码。

三次相互验证：读写器在确定要访问的扇区号后，需要对该扇区密码进行密码校验，在三次相互验证之后，可以通过加密流进行通信。在选择另一扇区时，则必须进行另一扇区密码校验。

8.1.2 分析射频卡读写器接口电路

图 8.3 所示为射频卡读写器接口电路，主要由单片机 STC8A8K32S4A12、射频卡读卡芯片 FM1702 和天线 TX 组成。

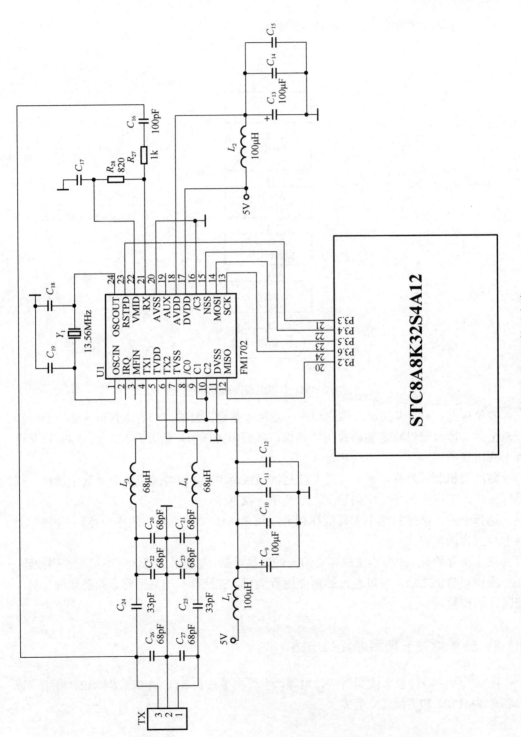

图 8.3　射频卡读写器接口电路

1. FM1702 读卡芯片

FM1702 是基于 ISO14443 标准的非接触式读卡专用芯片，支持 13.56MHz 频率下的 typeA 非接触通信协议，支持 SPI 接口模式，操作距离可达 10cm。

（1）FM1702 引脚功能

FM1702 的引脚分布如图 8.4 所示，功能说明见表 8.6。

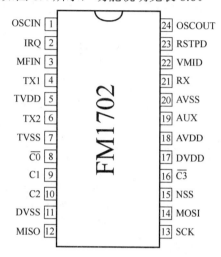

图 8.4　FM1702 引脚分布图

表 8.6　FM1702 引脚说明

引脚序号	引脚名称	功能描述
1	OSCIN	晶振输入：fosc = 13.56MHz
2	IRQ	中断请求：输出中断源请求信号
3	MFIN	串行输入：接收满足 ISO14443A 协议的数字串行信号
4	TX1	发射口 1：输出经过调制的 13.56MHz 信号
5	TVDD	发射器电源：提供 TX1 和 TX2 的输出能量
6	TX2	发射口 2：输出经过调制的 13.56MHz 信号
7	TVSS	发射器地
8	$\overline{C0}$	固定接低电平
9	C1	固定接高电平
10	C2	固定接高电平
11	DVSS	数字地
12	MISO	主入从出：SPI 接口下数据输出
13	SCK	串行时钟（SCK）：SPI 接口下时钟信号
14	MOSI	主出从入：SPI 接口下数据输入
15	NSS	接口选通：选通 SPI 接口模式

续表

引脚序号	引脚名称	功能描述
16	$\overline{C3}$	固定接低电平
17	DVDD	数字电源
18	AVDD	模拟电源
19	AUX	模拟测试信号输出：输出模拟测试信号，测试信号由 TestAnaOutSel 寄存器选择
20	AVSS	模拟地
21	RX	接收口：接收外部天线耦合过来的 13.56MHz 卡回应信号
22	VMID	内部参考电压：输出内部参考电压 该引脚必须外接 68nF 电容
23	RSTPD	复位及掉电信号：高电平时复位内部电路，晶振停止工作，内部输入引脚和外部电路隔离；下沿触发内部复位程序
24	OSCOUT	晶振输出

（2）外围接口电路

FM1702 模拟电路集成度高，使用时只需少量外围电路。

石英振荡电路： 由 Y_1 晶振、C_{18}、C_{19} 组成，产生 13.56MHz 频率，提供给 FM1702 作为编码和解码的时基。

EMC 低通滤波器： 从 FM1702 芯片 TX1、TX2 脚发射调制过的 13.56MHz 载波信号，经过由电感（L_3、L_4）和电容（$C_{20} \sim C_{27}$）组成的 EMC 低通滤波器（过滤除 13.56MHz 外的高次谐波），驱动天线 TX。

接收电路： 由 C_{16}、C_{17}、R_{27}、R_{28} 配合 FM1702 芯片 22 脚内部参考电压 VMID 和 21 脚接收口 RX 实现。

电源滤波电路： 由 L_1、$C_9 \sim C_{12}$ 组成和 L_2、$C_{13} \sim C_{15}$ 组成的两个电路为电源滤波电路。

2. 天线 TX

天线用于接发 13.56MHz 的电磁波，其线圈电感需要通过公式计算，射频卡读写器接口电路中的 TX 采用如图 8.5 所示的矩形天线，印制在 PCB 上。

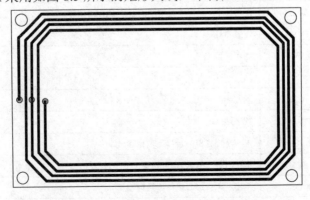

图 8.5 天线 TX

3. SPI 接口通信

FM1702 读卡芯片与单片机采用 SPI 接口通信方式，其连接端口和功能见表 8.7。

表 8.7 单片机与 FM1702 通信连接端口和功能

连接端口		功能
单片机	FM1702	
P3.2	MISO	单片机数据接收口，接收 FM1702 输出的数据
P3.3	RSTPD	用于 SPI 接口模式初始化，可以同步单片机和 FM1702 的启动工作
P3.4	NSS	在单片机与 FM1702 进行数据交互时，必须处于低电平；数据发送完成，需要变回高电平
P3.5	MOSI	单片机数据发送口，发送数据至 FM1702
P3.6	SCK	SPI 接口下的串行时钟信号

学生工作页

工作 1：回顾射频卡

学生		时间	
知识内容	描述	评价	
M1 卡内部存储结构			
块绝对地址编号及作用			
扇区 10 块 3 存取控制数值为 08 77 8F 69 时的含义			

工作 2：回顾 FM1702 读卡芯片引脚功能

学生		时间	
引脚名称	功能描述	评价	
OSCIN、OSCOUT			
TX1、TX2			
MISO			
SCK			
NSS			
RSTPD			

任 务 小 结

通过对射频卡 RFID 的学习，认识射频卡的存储结构及其接口电路。能够解读每个扇区块 3 中存取控制的意义，获取每个块的访问权限是后续编程的关键。

FM1702 读卡芯片是众多应用中的一种，读者也可查询其他类似的应用芯片，结构有差异，功能基本相同。

任务 8.2　　制作刷卡门禁系统

**任务描述**

本任务通过分析 FM1702 读写卡程序包，学习利用程序包实现射频卡读写编程的方法，完成刷卡门禁系统的制作。

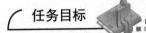**任务目标**

● 会分析 FM1702 读写卡程序包。
● 掌握射频卡读写的程序编写方法。
● 编程实现刷卡门禁系统。

8.2.1　读写卡程序包分析

FM1702 读写卡程序涉及知识较多，编程工作量相当大，本书限于篇幅不一一讲解，初学者可以通过分析厂家提供的程序包，快速应用。

FM1702 读写卡程序包含有与射频卡通信所需的所有函数，用户在使用读写卡程序包时，无须解读程序包中函数的具体指令，只需掌握函数的功能及调用方法即可。读写卡程序包部分函数说明见表 8.8。

表 8.8　读写卡程序包部分函数说明

函数名	功能
Init_FM1715	对 SPI 接口模式初始化
Request	对在 FM1702 操作范围内的卡片进行请求识别操作
AntiColl	对在 FM1702 操作范围内的卡片进行防冲突检测

续表

函数名	功能
Select_Card	对在 FM1702 操作范围内的某张卡片进行选择
Load_keyE2_CPY	把 EEPROM 中的密码存入 FM1702 的 keybuffer 中
Authentication	实现密码认证过程
MIF_READ	实现读射频卡块的数值
MIF_Write	实现写射频卡块的数值

1）Request 函数。Request 函数输入、输出功能表见表 8.9。

表 8.9　Request 函数输入、输出功能表

	uchar Request(uchar mode)		
	名称	数值	含义
输入 mode	RF_CMD_REQUEST_STD	0x26	检测在 FM1702 操作范围之内处于 HALT 状态的卡片
	RF_CMD_REQUEST_ALL	0x52	检测所有 FM1702 操作范围之内的卡片
输出	FM1715_OK	0	应答正确
	FM1715_NOTAGERR	1	无卡
	FM1715_REQERR	21	应答错误

2）AntiColl 函数。AntiColl 函数输入、输出功能表见表 8.10。

表 8.10　AntiColl 函数输入、输出功能表

	uchar AntiColl(void)		
	名称	数值	含义
输出	FM1715_OK	0	应答正确
	FM1715_NOTAGERR	1	无卡
	FM1715_SERNRERR	8	卡片序列号应答错误
	FM1715_BYTECOUNTERR	12	接收字节错误

3）Select_Card 函数。Select_Card 函数输入、输出功能表见表 8.11。

表 8.11　Select_Card 函数输入、输出功能表

	uchar Select_Card(void)		
	名称	数值	含义
输出	FM1715_OK	0	应答正确
	FM1715_NOTAGERR	1	无卡
	FM1715_CRCERR	2	CRC 校验错误
	FM1715_PARITYERR	5	奇偶校验错误
	FM1715_BYTECOUNTERR	12	接收字节错误
	FM1715_SELERR	22	选卡错误

4）Load_keyE2_CPY 函数。Load_keyE2_CPY 函数输入、输出功能表见表 8.12。

表 8.12　Load_keyE2_CPY 函数输入、输出功能表

uchar Load_keyE2_CPY(uchar *uncoded_keys)			
	名称	数值	含义
输入	自定义校验密码数组	–	校验密码起始地址
输出	False	0	密码装载成功
	True	1	密码装载失败

5）Authentication 函数。Authentication 函数输入、输出功能表见表 8.13。

表 8.13　Authentication 函数输入、输出功能表

uchar Authentication(uchar idata *UID, uchar SecNR, uchar mode)				
	名称		数值	含义
输入	UID		–	卡片序列号地址
	SecNR		–	扇区号
	mode	RF_CMD_AUTH_LA	0x60	使用密码 A 进行认证
		RF_CMD_AUTH_LB	0x61	使用密码 B 进行认证
输出	FM1715_OK		0	应答正确
	FM1715_NOTAGERR		1	无卡
	FM1715_CRCERR		2	CRC 校验错误
	FM1715_AUTHERR		4	权威认证有错
	FM1715_PARITYERR		5	奇偶校验错误

6）MIF_READ 函数。MIF_READ 函数输入、输出功能表见表 8.14。

表 8.14　MIF_READ 函数输入、输出功能表

uchar MIF_READ(uchar idata *buff, uchar Block_Adr)			
	名称	数值	含义
输入	buff	–	保存数据缓冲区的首地址
	Block_Adr	–	块地址
输出	FM1715_OK	0	应答正确
	FM1715_NOTAGERR	1	无卡
	FM1715_CRCERR	2	CRC 校验错误
	FM1715_PARITYERR	5	奇偶校验错误
	FM1715_BYTECOUNTERR	12	接收字节错误

7）MIF_Write 函数。MIF_Write 函数输入、输出功能表见表 8.15。

表 8.15　MIF_Write 函数输入、输出功能表

uchar MIF_Write(uchar idata *buff, uchar Block_Adr)			
	名称	数值	含义
输入	buff	–	保存数据缓冲区的首地址
	Block_Adr	–	块地址
输出	FM1715_OK	0	应答正确
	FM1715_NOTAGERR	1	无卡
	FM1715_CRCERR	2	CRC 校验错误
	FM1715_EMPTY	3	数据溢出错误
	FM1715_PARITYERR	5	奇偶校验错误
	FM1715_NOTAUTHERR	10	未经权威认证
	FM1715_BYTECOUNTERR	12	接收字节错误
	FM1715_WRITEERR	15	写卡块数据错误

8.2.2　运用程序包编程读写射频卡

根据如图 8.2 所示的射频卡与读写器通信流程要求，运用 FM1702 读写卡程序包实现射频卡数据读写函数如下。

（1）读卡函数

```
uchar read_card(uchar x,uchar y)
{
    uchar status=0,num;
    num=4*x+y;                    //根据输入扇区 x 和块 y，计算块的绝对地址 num

    status = Request(RF_CMD_REQUEST_STD);    // 复位应答
    if(status != FM1715_OK)   {return 0;}
                //如果无卡或应答错误，函数返回 0
    status = AntiColl();                //防冲突检测
    if(status != FM1715_OK)    return 0;//如果应答不正确，函数返回 0

    status=Select_Card();                    //选择卡片
    if(status != FM1715_OK)    return 0;    //如果应答不正确，函数返回 0

    status = Load_keyE2_CPY(password);  //将验证密码装载到 keybuff 中
    if(status != TRUE)         return 0; //如果装载错误，函数返回 0

    status = Authentication(UID, x, RF_CMD_AUTH_LB);
    //验证 x 扇区的密码 B
    if(status != FM1715_OK)    return 0;//如果验证失败，函数返回 0

    status=MIF_READ(buffer,num);             //读取扇区中块 y 数据到 buffer 中
```

```
    if(status == FM1715_OK)
        return 1;                              //如果数据读取成功，函数返回 1
    else return 0;                             //如果数据读取失败，函数返回 0
}
```

读卡函数中形参 x 为扇区号（0~15），形参 y=0，1，2，3，表示 x 扇区中的块 0、块 1、块 2 和块 3。

（2）写卡函数

```
uchar write_card_1(uchar x)              //形参 x 为扇区号
{
    uchar status=0;

    status = Request(RF_CMD_REQUEST_STD);     //复位应答
    if(status != FM1715_OK)
    { status = Request(RF_CMD_REQUEST_STD);}
                                //如果无卡或应答错误，继续进行复位应答
    status = AntiColl();                      //防冲突检测
    if(status != FM1715_OK)      return(0);   //如果应答不正确，函数返回 0

    status=Select_Card();                     //选择卡片
    if(status != FM1715_OK)      return(0);   //如果应答不正确,函数返回 0

    status = Load_keyE2_CPY(password);   //将验证密码装载到 keybuff 中
    if(status != TRUE)           return(0);   //如果装载错误，函数返回 0

    status = Authentication(UID, x, RF_CMD_AUTH_LB);
                                        //验证 x 扇区的密码 B
    if(status != FM1715_OK)      return(0);   //如果验证失败，函数返回 0
    else return 1;                            //如果验证成功，函数返回 1
}
uchar write_card_2(uchar x,uchar y)          //x 为扇区号，y=0，1，2，3
{
    uchar status=0,num;
    num=4*x+y;                //根据输入扇区 x 和块 y，计算块的绝对地址 num

    status=MIF_Write(buffer,num);     //将 buffer 中数据写入 x 扇区块 y 中
    if(status == FM1715_OK)
        return 1;                             //如果数据写入成功，函数返回 1
    else return 0;                            //如果数据写入失败，函数返回 0
}
```

写射频卡程序由 write_card_1 和 write_card_2 两个函数共同完成，write_card_1 函数实现对 M1 卡进行复位应答、防冲突检测、选择卡片及密码验证，write_card_2 函数在 write_card_1 函数返回为 1 的条件下进行数据写入。

8.2.3　编程实现门禁系统

步骤 1：绘制实验原理图，如图 8.6 所示。

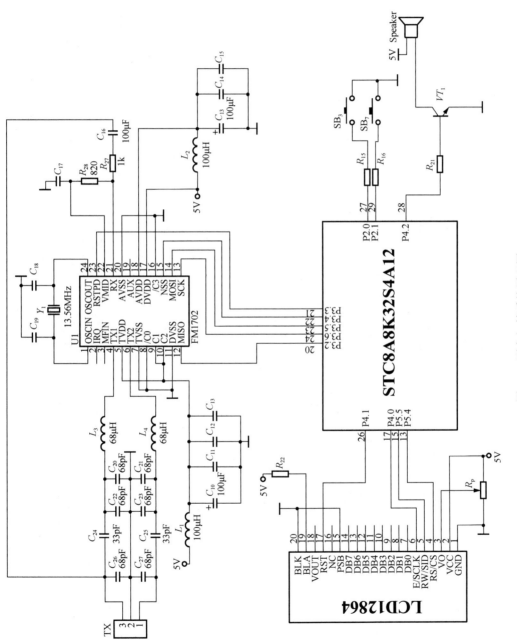

图 8.6 刷卡门禁系统原理图

原理图中 SB₃ 为射频卡设置键，按下时，系统进入门禁卡制作界面，直到 SB₇ 按下退出门禁卡制作，回到刷卡门禁系统。

步骤 2：编制程序流程图，如图 8.7 所示。

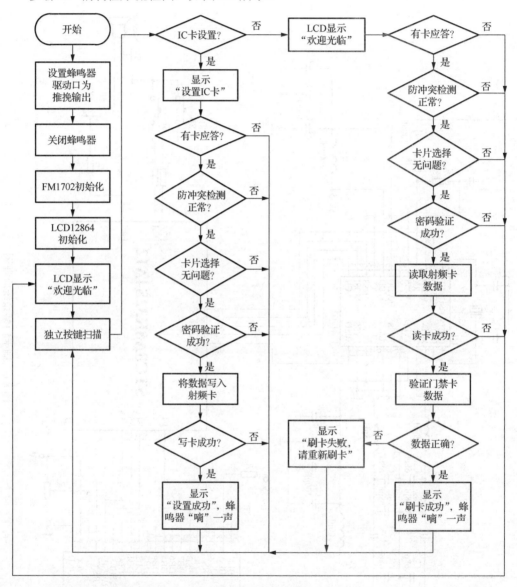

图 8.7　程序流程图

步骤 3：编写程序，编译并输出 .hex 文件。

步骤 4：单片机程序烧录。

步骤 5：脱机运行，观察实验板运行效果。

LCD12864 初始显示：欢迎光临。

门禁刷卡：当 IC 卡靠近刷卡区域，若是正确的门禁卡，LCD12864 显示"刷卡成功"，蜂鸣器"嘀"一声；若是错误的 IC 卡，LCD12864 显示"刷卡失败 请重新刷卡"。

IC 卡设置：实验板上标号为 3 的按键为进入 IC 卡设置按键；实验板上标号为 7 的按键为退出 IC 卡设置按键。

标号 3 按键按下，LCD12864 显示"设置 IC 卡"，当 IC 卡靠近刷卡区域，对 IC 卡进行门禁设置，设置完成，LCD12864 显示"设置完成"，蜂鸣器"嘀"一声。当 IC 卡离开刷卡区域，LCD12864 显示"设置 IC 卡"，等待下一个 IC 卡设置，直到标号 7 按键按下，退出 IC 卡设置，LCD12864 回到初始状态，显示"欢迎光临"。

参考程序如下。

```c
#include "STC8.h"
#include "LCD12864.h"
#include "fm1702.h"

#define LCD_init     0          //初始显示状态
#define LCD_setIC    1          //IC 卡设置状态
#define LCD_setsuc   2          //IC 卡设置成功状态
#define LCD_cardsuc  3          //刷卡成功状态
#define LCD_cardwor  4          //刷卡失败状态

sbit sound=P4^2;                //定义蜂鸣器 IO 口
sbit set=P2^0;                  //定义独立按键 3 为 IC 卡设置按键
sbit back=P2^1;                 //定义独立按键 7 为退出设置按键

bit set_flag=0;                 //IC 卡设置标志位

uchar LCD_status;               //记录 LCD 显示的状态
uchar LCD_status_n;             //LCD 前一个状态
uchar idata  buffer[30];        //EEPROM 及卡读出数
uchar idata  UID[5];            //存储卡片序列号地址
uchar code Dis_welcome[]={"欢迎光临"};              //LCD 显示内容
uchar code Dis_setIC[]={"设置 IC 卡"};
uchar code Dis_setsuc[]={"设置完成"};
uchar code Dis_cardsuc[]={"刷卡成功"};
uchar code Dis_cardwor1[]={"刷卡失败"};
uchar code Dis_cardwor2[]={"请重新刷卡"};
uchar code password[]={0xff,0xff,0xff,0xff,0xff,0xff};  //验证密码
uchar code set_num[]={10,32,200,94};                //存入射频卡的数据

/**********************蜂鸣器函数***************************/
void speaker()
{
    sound=1;
    Delay(200);
    sound=0;
```

```
        Delay(1000);
}
/************************独立按键检测**************************/
void keyscan()
{
    if(set==0)                  //检测设置按键是否作用
    {
        Delay(5);               //去抖
        if(set==0)              //再次判别设置按键是否作用
            set_flag=1;         //标志 IC 卡设置状态
    }while(set==0);             //等待设置按键释放

    if(back==0)                 //检测退出设置按键是否作用
    {
        Delay(5);               //去抖
        if(back==0)             //再次判别退出设置按键是否作用
        {
            LCD_status=LCD_init;    //设置显示状态为初始显示状态
            set_flag=0;             //清除 IC 卡设置状态
        }
    }while(back==0);                    //等待退出设置按键释放
}
/***************************读卡函数****************************/
uchar read_card(uchar x,uchar y)
{
    uchar status=0,num;
    num=4*x+y;                  //根据输入扇区 x 和块 y，计算块的绝对地址 num

    status = Request(RF_CMD_REQUEST_STD);   //复位应答
    if(status != FM1715_OK)    {return 0;}//如果无卡或应答错误，函数返回 0

    status = AntiColl();                    //防冲突检测
    if(status != FM1715_OK)    return 0;    //如果应答不正确，函数返回 0

    status=Select_Card();                   //选择卡片
    if(status != FM1715_OK)    return 0;    //如果应答不正确，函数返回 0

    status = Load_keyE2_CPY(password);      //将验证密码装载到 keybuff 中
    if(status != TRUE)         return 0;    //如果装载错误，函数返回 0

    status = Authentication(UID, x, RF_CMD_AUTH_LB);//验证 x 扇区的密码 B
    if(status != FM1715_OK)    return 0;    //如果验证失败，函数返回 0

    status=MIF_READ(buffer,num);            //读取扇区中块 y 数据到 buffer 中
    if(status == FM1715_OK)
        return 1;                           //如果数据读取成功，函数返回 1
    else return 0;                          //如果数据读取失败，函数返回 0
```

```
}
/*************************写卡检测函数**************************/
uchar write_card_1(uchar x)
{
    uchar status=0;

    status = Request(RF_CMD_REQUEST_STD);        //复位应答
    if(status != FM1715_OK)
    { status = Request(RF_CMD_REQUEST_STD);}
                                //如果无卡或应答错误，继续进行复位应答
    status = AntiColl();                         //防冲突检测
    if(status != FM1715_OK)     return(0);    //如果应答不正确，函数返回 0

    status=Select_Card();                        //选择卡片
    if(status != FM1715_OK)     return(0);    //如果应答不正确，函数返回 0

    status = Load_keyE2_CPY(password);    //将验证密码装载到 keybuff 中
    if(status != TRUE)          return(0);    //如果装载错误，函数返回 0

    status = Authentication(UID, x, RF_CMD_AUTH_LB); //验证 x 扇区的密码 B
    if(status != FM1715_OK)     return(0);    //如果验证失败，函数返回 0
    else return 1;                            //如果验证成功，函数返回 1
}
/***********************写卡数据函数***************************/
uchar write_card_2(uchar x,uchar y)
{
    uchar status=0,num;
    num=4*x+y;                  //根据输入扇区 x 和块 y，计算块的绝对地址 num

    status=MIF_Write(buffer,num);        //将 buffer 中数据写入 x 扇区块 y 中
    if(status == FM1715_OK)
        return 1;                        //如果数据写入成功，函数返回 1
    else return 0;                       //如果数据写入失败，函数返回 0
}
/**********************按键处理函数***************************/
void card_deal()
{
    uchar status,i;

    if(set_flag==1)                      //如果 IC 卡设置状态被标志
    {
        LCD_status=LCD_setIC;            //设置显示状态为设置 IC 卡状态
        status=write_card_1(1);         //验证扇区 1
        if(status==1)                    //如果验证成功
        {
            for(i=0;i<4;i++)             //将 4 字节数据存入 buffer 缓存中
                buffer[i]=set_num[i];
```

```
            status=write_card_2(1,0);        //将数据写入1扇区的块0中
            if(status==1)                     //如果写卡成功
                LCD_status=LCD_setsuc;  //设置显示状态为IC卡设置成功状态
        }
    }
    else                    //如果IC卡设置状态未标志，即刷卡门禁系统时
    {
        status=read_card(1,0);                //读扇区1中的数据
        if(status==1)                         //如果读卡成功
        {
            for(i=0;i<4;i++)                         //验证门禁卡
                if(buffer[i]!=set_num[i])     //如果门禁卡数据与设置不同
                    LCD_status=LCD_cardwor;   //设置显示状态为刷卡失败状态
            if(LCD_status!=LCD_cardwor)       //如果门禁卡正确
                LCD_status=LCD_cardsuc;       //设置显示状态为刷卡成功状态
        }
        else
            LCD_status=LCD_init;  //如果无卡，设置显示状态为初始显示状态
    }
}
/************************LCD显示**************************/
void LCD_dis()
{
    if(LCD_status_n!=LCD_status)              //若LCD显示状态发生变化
    {
        LCD_status_n=LCD_status;              //保存新LCD显示状态
        if((LCD_status==LCD_setsuc)||(LCD_status==LCD_cardsuc))
            speaker();            //刷卡成功或IC设置成功，蜂鸣器发出一声"嘀"
        LcdWriteCom(0x01);                   //LCD清屏
        Delay(100);
    }
    if(LCD_status==LCD_init)                  //如果LCD显示为初始显示状态
        LcdDis(2,3,Dis_welcome);             //第2行显示"欢迎光临"

    else if(LCD_status==LCD_setIC)           //如果LCD显示为IC卡设置状态
        LcdDis(2,3,Dis_setIC);               //第2行显示"设置IC卡"

    else if(LCD_status==LCD_setsuc)          //如果LCD显示为IC设置成功状态
        LcdDis(2,3,Dis_setsuc);              //第2行显示"设置成功"

    else if(LCD_status==LCD_cardsuc)         //如果LCD显示为刷卡成功状态
        LcdDis(2,3,Dis_cardsuc);             //第2行显示"刷卡成功"

    else if(LCD_status==LCD_cardwor)         //如果LCD显示为刷卡失败状态
    {
        LcdDis(2,3,Dis_cardwor1);            //第2行显示"刷卡失败"
        LcdDis(3,3,Dis_cardwor2);            //第3行显示"请重新刷卡"
```

项目 8 应用射频卡 RFID

8-21

```
    }
}
/*************************主函数*****************************/
void main()
{
    P4M0=0x04;
    P4M1=0;                 //设置 P4.2 口（蜂鸣器驱动）为推挽输出
    sound=0;                //关闭蜂鸣器
    Init_FM1715();          //FM1702 初始化
    LcdInit();              //LCD12864 初始化
    while(1)
    {
        keyscan();          //独立按键扫描
        card_deal();        //按键处理
        LCD_dis();          //LCD12864 显示
    }
}
```

学生工作页

工作 1：回顾程序包函数

学生		时间	
函数名称	功能描述	评价	
Request			
AntiColl			
Select_Card			
Load_keyE2_CPY			
Authentication			
MIF_READ			
MIF_Write			

工作 2：修改刷卡门禁系统程序

学生			时间	
编程实现	修改的语句	显示记录	评价	
设置门禁卡写卡数据为 3，45，92，213				
密码验证方式设为密码 A 验证				
门禁卡密码数据放置于扇区 6 块 2 中				

任 务 小 结

通过对刷卡门禁系统的学习，认识 FM1702 程序包，会运用程序包中的函数完成射频卡读写程序编写，结合 LCD12864 和独立按键实现门禁卡设置和门禁刷卡检测。

项 目 小 结

射频卡广泛用在消费、门禁、物品识别等领域，认识射频卡存储结构及存取条件是使用射频卡的基础。射频卡所涉及的通信协议及可靠性技术比较复杂，包括软件编程及电路 PCB 设计，了解更多的内容需查阅官方手册。

通过学习本项目，对射频卡应用有了初步了解，更为重要的是要学会借助第三方成熟的程序包，能分析程序包中各函数的功能及调用条件，提高编程效率。

知 识 巩 固

1. 画出射频卡内部存储结构图。
2. Mifare 1 射频卡扇区 0 中的块 0 与其他扇区的块 0 有什么区别？
3. Mifare 1 射频卡每个扇区中的块存取条件由什么控制？
4. 简述 Mifare 1 射频卡与读写器的通信流程。
5. 查阅资料，说明无源蜂鸣器和有源蜂鸣器的区别。项目中所用蜂鸣器是哪一种？
6. 描述 FM1702 芯片 MISO、MOSI、SCK 和 NSS 的引脚功能。
7. 通过书籍或网络查看除 FM1702 读卡芯片外，还有哪些常用读卡芯片。
8. 射频卡与读写器通信所用的电磁波频率为多少？
9. FM1702 读卡芯片与单片机通过什么通信方式进行数据传输？
10. 查阅资料，描述程序包的作用及优点。
11. 通过书籍和网络查看 FM1702 除文中介绍的功能函数外，还有其他什么功能。

参 考 文 献

马忠梅，李元章，王美刚，等，2017．单片机的 C 语言应用程序设计[M]．6 版．北京：北京航空航天大学出版社．

舒伟红，2008．单片机原理与实训教程[M]．北京：科学出版社．

宋雪松，2020．手把手教你学 51 单片机（C 语言版）[M]．2 版．北京：清华大学出版社．

徐爱钧，2015．Keil C51 单片机高级语言应用编程技术[M]．北京：电子工业出版社．

参 考 文 献